河北省农林科学院农业信息与经济研究所农业大数据系列论著

黄淮流域节水节肥潜力研究

蔡海燕　侯　亮　孙海芳　著

中国农业科学技术出版社

图书在版编目(CIP)数据

黄淮流域节水节肥潜力研究 / 蔡海燕，侯亮，孙海芳著. --北京：中国农业科学技术出版社，2023.12

ISBN 978-7-5116-6644-4

Ⅰ.①黄… Ⅱ.①蔡…②侯…③孙… Ⅲ.①肥水管理-中国 Ⅳ.①S365

中国国家版本馆 CIP 数据核字(2024)第 016796 号

责任编辑 穆玉红
责任校对 马广洋
责任印制 姜义伟 王思文

出 版 者 中国农业科学技术出版社
北京市中关村南大街 12 号 邮编：100081
电 话 (010) 82109707 (编辑室) (010) 82106624 (发行部)
(010) 82109709 (读者服务部)
网 址 https://castp.caas.cn
经 销 者 各地新华书店
印 刷 者 北京建宏印刷有限公司
开 本 170 mm×240 mm 1/16
印 张 12
字 数 150 千字
版 次 2023 年 12 月第 1 版 2023 年 12 月第 1 次印刷
定 价 45.00 元

《黄淮流域节水节肥潜力研究》

编委会

主　著：蔡海燕　侯　亮　孙海芳

副主著：李　偲　王　雪　于海英　齐　浩

参　著：杨梦佳　李甜甜　吴云鹏　徐秀平

王书秀

目　　录

第一部分　黄淮流域农业资源现状

第二部分　研究区域现状分析

第三部分　节水、节肥潜力分析

第四部分　技术评价与优化建议

第五部分　分布式种质资源管理系统的建立

附件一　调查问卷

附件二　各地区用水标准

第一部分

黄淮流域农业资源现状

一、引　言

2004—2015 年，我国粮食生产保持“十二连增”，水资源、化肥是保证我国粮食安全战略顺利实施的基础。

黄淮流域是我国重要的粮食产区，在国家粮食安全和供给侧结构性改革的背景下，保证该区域粮食的高产稳产显得尤为重要。黄淮流域是我国少数水资源严重不足的地区之一，由于地表水短缺，地下水长期超采，导致地下水漏斗区面积不断扩大，并在沿海地区引发海水入侵。水资源紧缺成为黄淮流域农业可持续发展的重要制约因素。

2016—2018 年，本研究对位于黄淮流域的河南、安徽、江苏、山东 4 个省的小麦、玉米、水稻生产情况进行调研与分析，得出以下结论：该地区粮食生产主要具有以下特点：①小麦、玉米、水稻生产仍以一家一户的小农经营为主，劳动力以老年人和妇女为主，新型农业经营主体为辅。②小农户生产过程主要依靠传统经验，对新技术存在抵触心理；新型农业经营主体对新技术的接受能力及运用情况远远优于小农户。③农产品优质不优价问题普遍，严重影响了农民的生产积极性。④由于地表水缺乏，农田灌溉严重依赖地下水，造成地下水严重超采。⑤施肥存在较大主观性和盲目性，普遍存在过量施用的问题。

基于以上状况，研究该地区的水资源高效利用、化肥减施问题尤为重要。通过对研究区域小麦、玉米和水稻的实际生产情况进行实地调研，并且对水肥相关各类技术进行深入分析，结合所在区域的水肥使用推荐量为参照，研究以下几个问题：①实际生产过程中的节约潜力。②各类技术的节约潜力。③构建评价指标体系，对项目组集成技术的地区适宜性进行评价。④对黄淮流域小麦、玉米、水稻3种作物的节水、节肥方式提出优化建议。

二、研究区域与背景

（一）研究区域概况

黄淮流域位于河南省东部黄河以南、山东省西部黄河以南、安徽省淮河以北、江苏省淮河以北。黄河下游平原年降水量600～700mm，黄河以南地区年降水量700～900mm；淮河流域年降水量800～1 000mm，基本能够满足两熟作物的需要，是我国重要的农业生产基地[1]。

经研究确定，研究区域主要包括河南省、安徽省、江苏省和山东省的部分区域。

（二）各省概况

1. 河南省

河南省简称豫，地处东经110°21′～116°39′，北纬31°23′～36°22′，中东部地区为广阔的黄淮冲积平原。全省面积16.27万km^2，其中耕地面积12 229万亩（1亩≈667m^2，15亩=1hm^2）。河南省四季分明，日照充足，年均降水量600～1 400mm，无霜期190～230d，日照时数1 740～2 310h；土壤养分含量丰富，农业基本生产条件良好；全省拥有 4 大水系，1 500多条河流，大小水库2 349座，年均水资源总量达 430 亿 m^3[2]。2015 年河南省粮食总产量达6 470.22万 t，其中小麦产量为3 526.90万 t，玉米产量为2 288.50万 t，水稻产量为499.88 万 t，是我国重要的粮食生产和转化加工大省。

2. 安徽省

安徽省简称皖，地处东经 114°54′~119°37′，北纬 29°41′~34°38′，跨长江、淮河、新安江三大流域，大致分为淮北平原、江淮丘陵、皖南山区三大自然区域。全省面积 14.01 万 km^2。安徽省属暖温带与亚热带的过渡地区，四季分明，全年无霜期 200~250d，年平均气温 14~17℃；年均降水量 800~1 800mm，夏季降水丰沛，占年降水量的 40%~60%。安徽省共有河流2 000余条，湖泊 580 余个，水资源总量约 680 亿 m^3[3]。2015 年安徽省粮食总产量为4 077.23万 t，其中小麦产量为1 661.05万 t，玉米产量为679.04 万 t，水稻产量为1 616.80万 t。

3. 江苏省

江苏省简称苏，地处东经 116°18′~121°57′，北纬 30°45′~35°20′，境内平原辽阔，主要有苏南平原、江淮平原、黄淮平原和东部滨海平原等。全省面积 10.72 万 km^2，其中耕地面积6 870万亩。处于暖温带向亚热带的过渡地带，气候温和，雨量适中，四季分明；年均气温 13~16℃，年均降水量 704~1 250mm，年日照时数1 816~2 503h。江苏省河湖众多，水系复杂；特殊的地理位置和水系特点，给江苏省带来丰富的水资源，年均径流深 259.8mm，地表水资源量264.9 亿 m^3，总水资源量 320.2 亿 m^3[4]。2015 年江苏省粮食总产量为3 594.71万 t，其中小麦产量为1 248.96万 t，玉米产量为 302.24

万 t，水稻产量为1 917.33万 t。

4. 山东省

山东省简称鲁，地处华东沿海、黄河下游，东经 114°47.5′~122°42.3′，北纬 34°22.9′~38°24.01′。全省面积 15.58 万 km^2，其中耕地面积11 272.5万亩。山东省属暖温带季风气候，降水集中，雨热同季，年均气温 11~14℃，全年无霜期 180~220d，光照时数年均2 290~2 890h。年均降水量 550~950mm，降水时间分布很不均衡，全年降水量的 60%~70%集中在夏季。山东省河流湖泊众多，多年平均天然径流量为222.9 亿 m^3，多年平均地下水资源量为 152.6 亿 m^3，多年平均淡水资源总量为 305.8 亿 m^3[5]。2015 年山东省粮食总产量为5 153.07万 t，其中小麦产量为2 391.69万 t，玉米产量为2 505.40万 t，水稻产量为 95.83 万 t。

（三）研究背景

我国农业生产长期以粗放管理与经营为主，农民在生产过程中，为了追求高产，普遍存在水资源、化肥使用过量的情况，导致耕地板结、农残超标等问题，不利于食品安全和环境保护，严重影响现代农业的可持续发展。

黄淮流域农耕历史悠久，是我国重要的粮食生产基地。水资源紧缺是黄淮地区农业可持续发展的重要制约因素，化肥的过量使用亦不可忽视，在黄淮流域推广节水技术、研究化肥减量施用意义重大。根据研究区域各地农业生产条件、自然资源禀赋等，本研究采取实地调研、文献查阅、官方网络数据获取等方法，采集 2016—2018 年小麦、玉米、水稻的生产相关数据，运用定性与定量分析相结合的方法，对以上 3 种作物的水、肥使用现状及节约潜力进行分析，建立经济与适应性评价指标体系，对各地现有技术模式进行客观评价，并提出优化建议。

三、生态区域划分

（一）研究区域的确定

根据各地官方网站和相关地图集确定研究区域，如表 1 所示。通过对数据的汇总分析，结合水利、地质专家的建议，最终确定研究区域主要包括河南省的 11 个市、46 个县，安徽省的 6 个市、17 个县，江苏省的 5 个市、14 个县，山东省的 9 个市、122 个县。研究区域各省、市、县如表 2 所示。

表 1　研究区域及划分依据

序号	数据类别	具体信息	网址/出处
1	黄河流域范围	黄河流域图[6,7]	黄河网 http：//www. yrcc. gov. cn/ 《中国国家地理地图》，刘高焕，中国大百科全书出版社，2010 年 4 月第 1 版
2	淮河流域范围	淮河流域图[6,8]	淮河水利网 http：//www. hrc. gov. cn/ 《中国国家地理地图》，刘高焕，中国大百科全书出版社，2010 年 4 月第 1 版
3	气象数据	年均降水量[9]	中国气象数据网 http：//data. cma. gov. cn/

表 2　研究区域包括的省、市、县

省级	市级	县级
河南省	新乡市	延津县、长垣县、封丘县、原阳县
	开封市	开封县、尉氏县、通许县、杞县、兰考县

（续表）

省级	市级	县级
河南省	郑州市	中牟县、新郑市
	商丘市	睢县、夏邑县、民权县、宁陵县、虞城县、柘城县、永城市
	周口市	扶沟县、西华县、太康县、淮阳县、郸城县、商水县、沈丘县、项城市、鹿邑县
	许昌市	长葛市、禹州市、襄城县、鄢陵县
	平顶山市	宝丰县、叶县、舞阳县
	驻马店市	西平县、上蔡县、遂平县、汝南县、确山县、新蔡县、正阳县
	漯河市	郾城县、临颍县
	信阳市	息县、淮滨县
	濮阳市	范县
安徽省	宿州市	砀山县、萧县、灵璧市、泗县
	亳州市	涡阳县、利辛县、蒙城县
	阜阳市	太和县、界首市、颍上县、阜南县、临泉县
	蚌埠市	五河县、怀远县、固镇县
	淮南市	凤台县
	淮北市	濉溪县
江苏省	连云港市	东海县、灌云县、灌南县
	徐州市	沛县、丰县、邳州市、睢宁县、新沂市
	盐城市	滨海县、响水县
	淮安市	涟水县
	宿州市	泗阳县、泗洪县、沭阳县
山东省	菏泽市	牡丹区、开发区、郓城县、鄄城县、曹县、定陶县、成武县、单县、巨野县、东明县
	济宁市	市中区、任城区、微山县、鱼台县、嘉祥县、梁山县、金乡县
	德州市	德城区、乐陵市、禹城市、齐河县、平原县、夏津县、武城县、陵县、临邑县、宁津县、庆云县
	聊城市	东昌府区、临清县、阳谷县、莘县市、茌平县、东阿县、冠县市、高唐县、经济技术开发区
	滨州市	滨城区、无棣县、阳信县、沾化县、惠民县、博兴县、滨州经济开发区
	东营市	东营区、河口区、广饶县、利津县、垦利县
	淄博市	高青县
	济南市	市中区、历下区、天桥区、槐荫区、历城区、长清区、章丘市、平阴县、济阳县、南河县

（续表）

省级	市级	县级
山东省	济宁市	汶上县、泗水县、曲阜市、兖州市、邹城市
	滨州市	邹城市
	泰安市	泰山市、岱岳区、新泰市、肥城市、宁阳县、东平县
	莱芜市	莱城区、钢城区
	淄博市	张店区、淄川区、博山区、周村区、临淄区、桓台县、沂源县
	潍坊市	奎文区、潍城区、寒亭区、坊子区、临朐县、昌乐县、青州市、寿光市、安丘市、高密市、昌邑市
	临沂市	兰山区、罗庄区、河东区、郯城县、苍山县、莒南县、沂水县、蒙阴县、平邑县、费县、沂南县、临沭县、临沂高新技术产业开发区、临沂经济开发区、临沂市临港产业区
	潍坊市	诸城市
	枣庄市	市中区、峄城区、薛城区、台儿庄区、山亭区、滕州市
	日照市	东港区、莒县、五莲县、岚山区、日照开发区、山海天旅游度假区
	青岛市	胶南市、胶州市

（二）生态区域的划分

参照各省的生态区域划分文献（表3）及农业用水灌溉定额（表4），将研究区域划分为12个生态区，如表5所示。

表3　生态区划分依据及来源[10-13]

序号	作者	文献题目	来源
1	郜国玉	河南省生态功能区划研究	河南农业大学，2010年
2	贾良清，等	安徽省生态功能区划研究	《生态学报》，2005，(2)
3	燕守广	江苏省生态功能区划研究	《国土与自然资源研究》，2008，(3)
4	姚慧敏	山东省农业生态功能区划研究	《安徽农业科学》，2009，27（23）

表 4　各省农业用水灌溉定额数据来源[14-17]

序号	标准号	名称	来源	发布日期
1	DB 41/T 958—2020	河南农业与农村生活用水定额	河南省市场监督管理局	2020-09-02
2	DB 34/T 679—2019	安徽省行业用水定额	安徽省市场监督管理局	2019-12-25
3	DB 32/T 3817—2020	江苏省灌溉用水定额	江苏省市场监督管理局	2020-07-14
4	DB 37/T 3772—2019	山东省农业用水定额	山东省市场监督管理局 山东省水利厅	2019-12-18

表 5　生态区划分

序号	省份	生态区
1	河南省	豫北、豫东、豫南、豫中
2	安徽省	淮北北部、淮北南部、淮北中部
3	江苏省	淮北平原
4	山东省	鲁西南、鲁北、鲁中、鲁南

第二部分

研究区域现状分析

一、数据来源

主要包括面源数据和调查数据两种类型，面源数据主要来自研究区域内各省市统计年鉴、农业普查资料汇编、农产品生产成本与收益资料汇编、官方网站资料等；调查数据采用2016—2018年的实地调研数据。

（一）面源数据

面源数据主要包括气象数据[9]、水资源数据[18,19]、肥料数据[20-22]和生产数据[23-25]，来源如表6所示。

表6　面源数据来源

数据类别	数据项目	网址/出处
气象数据	年均降水量	中国气象数据网 https：//data. cma. cn/
水资源数据	农田（有效）灌溉面积 农业灌溉供水量 节水灌溉面积	中国水利年鉴（2017—2019）
肥料数据	研究区域肥料施用情况 研究区域主要农业技术措施	全国农产品成本收益资料汇编（2017—2019）
	各地区肥料施用情况 各地区农业技术措施 不同规模主体的肥料施用情况 不同规模主体的农业技术措施	中国统计年鉴（2017—2019） 第三次全国农业普查资料汇编（2017）

（续表）

数据类别	数据项目	网址/出处
生产数据	生产成本与收益 农业生产情况	全国农产品成本收益资料汇编（2017—2019）

（二）调研数据

选取一般农户和新型农业经营主体作为调研对象。2016—2018年，持续对河南省、安徽省、江苏省、山东省的31个市、199个县进行了实地调研，走访河南省农业科学院，安徽省物价局、安徽省农业科学院、江苏省统计局、山东省农业推广总站等部门，对研究区域的农业生产宏观情况进行了深入了解；对当地的农户、新型农业经营主体开展了座谈与问卷调查，共发放调查问卷1 200份，回收有效问卷1 057份，有效率88.08%。调研内容主要包括小麦、玉米、水稻种植户的水肥使用情况和农业生产费用等。

二、研究方法

（一）加权平均法

运用加权平均法计算单位面积小麦、玉米、水稻的水肥平均使用量。

（二）对比法

在不同阈值水平下，将小麦、玉米、水稻的水肥用量与标准（水：各区域的定额用水量；肥：“3414”测土配方施肥）进行比较。

（三）节约潜力计算公式

ΔW：研究区域生产资料总的节约量（水资源：m^3/亩，肥料：kg/亩）；

$$\Delta W=\frac{\sum_{i=1}^{n}(W_i-W_0\beta)*S_i}{\sum_{i=1}^{n}S_i}$$

P：生产资料节约潜力（%）；

$$P=\frac{\Delta W}{\sum_{i=1}^{n}W_iS_i/\sum_{i=1}^{n}S_i}$$

其中，W_i：第 i 位农户从事农业生产过程中生产资料的实际用量（水资源：m^3/亩，肥料：kg/亩）。

W_0：第 i 位农户所在区域的农业生产过程中生产资料使用标准（用水定额：m^3/亩，农业部肥料推荐量：kg/亩）。

S_i：第 i 位农户生产某一农作物的生产面积（小麦、玉米、水稻：亩）。

β：生产资料标准用量系数。

n：研究区域内的样本量（个）。

（四）研究对象的范围界定

1. 水资源

本研究的水资源指：既定地下水资源不变的情况下，农业生产过程中小麦、玉米、水稻的田间用水量。

2. 肥料

本研究的肥料指化肥和农家肥，涉及的营养元素为氮、磷、钾，不考虑微量元素的使用。对照各地区“3414”试验数据如表 7 所示。

表 7　研究区域小麦、玉米、水稻“3414”试验氮磷钾推荐量[26-48]

作物	地区	代表市/县	测土配方施肥折纯量（kg/亩）				资料来源
			总量	氮	磷	钾	
小麦	豫北	新乡市	28	14	6	6	新乡市小麦肥料效应研究，农业科技通报，谢延臣等，2011.
	豫东	商丘市	25	13	7	5	商丘市梁园区小麦、玉米施肥指导意见，河南农业，田保书，2016.
	豫南	驻马店	22.6	10.6	6	6	驻马店市小麦测土配方施肥应用效果浅析，河南农业，任双喜等，2006.
	豫中	许昌市	33	21	6	6	许昌市高肥力土壤小麦肥效试验研究，中国农技推广，侯占领，2011.
	淮北北部	濉溪县	27	15	6	6	濉溪县小麦肥料效应试验研究，安徽农学通报，周宗民，2015.
	淮北南部	五河县	22	11	6	5	五河县小麦“3414”肥料效应田间试验初报，安徽农学通报，马晓玲，2011.
	淮北中部	宿州市	27	15	7	5	2012 年宿州市符离镇小麦“3414”肥料效应田间试验，现代农业科技，2014.
	淮北平原	凤台县	27	18	4	5	凤台县“3414”小麦田间肥料效应试验，安徽农学通报，高桂，2014.
	鲁南	汶上县	22	10	4	8	小麦 3414 肥效试验研究，农业科技通信，伊海涛等，2011.
	鲁西	阳谷县	30	15	9	6	小麦 3414 肥效试验，农业与技术，张静等，2020.
玉米	豫北	延津市	36	22	8	6	延津县夏玉米“3414”肥料效应研究，现代农业科技，王尚朵等，2011.
	豫东	商丘市	38	22	8	8	商丘市夏玉米不同生态类型高产高效施肥效应及推荐施肥量试验研究，河南农业，王进文等，2017.
	豫南	镇平县	20	12	3.5	4.5	夏玉米 3414 田间肥料试验结果初报，北京农业，杨丙俭等，2009.
	豫中	长葛市	25.8	15	6.8	4	长葛市夏玉米施肥指标体系研究，河南农业，段松霞，2013.
	淮北北部	濉溪县	33	17	8	8	濉溪县夏玉米“3414”肥料效应研究，现代农业科技，杨义法，2016.

（续表）

作物	地区	代表市/县	测土配方施肥折纯量（kg/亩）				资料来源
			总量	氮	磷	钾	
玉米	淮北南部	颍州区	35.2	20.6	6	8.6	2008年颍州区玉米“3414”肥料效应田间试验，现代农业科技，孙艳侠，2009.
	淮北中部	涡阳县	29	18	6	5	2016年涡阳县城东镇玉米“3414”肥效试验，现代农业科技，刘加廷，2017.
	淮北平原	灌云县	30	18	4.5	7.5	灌云县夏玉米“2+X”肥效试验，安徽农学通报，刘敏等，2014.
	鲁西	文登市	34	20	4	10	氮磷钾配肥对玉米产量影响的试验研究，中国农技推广，崔贤，2009.
	鲁中	高密市	24	14	4	6	夏玉米最佳施肥量田间试验研究，中国农村小康科技，谈振兰，2010.
水稻	淮北南部	五河县	30	11.5	6	12.5	2016年五河县水稻“3414”肥料效应田间试验，现代农业科技，张杨翠，2017.
	淮北中部	怀远县	22	10	4	8	龙亢农场水稻“3414”肥料效应田间试验，园艺与种苗，刘俭等，2019.
	淮北平原	睢宁县	40	20	8.7	11.3	江苏省睢宁县水稻“3414”肥效试验总结，江苏农业科学，刘洋等，2009.

三、面源数据分析

（一）农田水资源情况分析

1. 农田灌溉情况

2016—2018 年，黄淮流域农业灌溉用水量基本稳定且呈下降趋势，农业灌溉用水量占总用水量的比例亦呈下降趋势，如表 8 所示。近年来灌溉面积保持缓慢增长，农业灌溉用水量却呈下降趋势，进一步加剧了黄淮流域农业水资源的紧缺态势。

表 8　2016—2018 年黄淮流域农业灌溉用水量

年份	2016		2017		2018	
黄淮流域	农业灌溉用水量①（$\times 10^8 m^3$）	农业用水量占总用水量的比例（%）	农业灌溉用水量（$\times 10^8 m^3$）	农业用水量占总用水量的比例（%）	农业灌溉用水量（$\times 10^8 m^3$）	农业用水量占总用水量的比例（%）
黄河流域	272. 70	0. 70	273. 20	0. 69	264. 40	0. 68
淮河流域	424. 40	0. 68	414. 50	0. 67	406. 90	0. 66
全国（诸河）	3 768. 00	0. 62	3 766. 40	0. 62	3 693. 10	0. 61

2016 年，黄淮流域灌溉面积合计为 28 853. 37万亩，其中耕地灌

① 农业灌溉用水量：从水源引入的灌溉水量，包括作物正常生长所需的灌溉水量、渠系输水损失量和田间损失水量。

溉面积为26 819.42万亩，耕地实灌面积为23 341.97万亩，占我国耕地实灌面积的26.78%。黄淮流域耕地灌溉面积净增量为279.48万亩，占我国净增总量的17.00%。原有耕地灌溉面积减少131.87万亩，主要原因是水资源长期供应不足，其次为建设占地、工程老化毁损等原因[18]，如表9所示。

表9 2016年黄淮流域农田灌溉面积 单位：万亩

流域	灌溉面积①	耕地灌溉面积	耕地实灌面积	耕地灌溉面积增减		耕地灌溉面积减少原因				
				新增	减少	工程老化、毁损	建设占地	长期水源不足	退耕	其他
黄河	9 276.93	8 296.41	7 489.11	143.90	37.04	6.84	8.7	4.605	6.26	10.63
淮河	19 576.44	18 523.01	15 852.86	267.45	94.83	16.92	20.55	30.42	1.71	25.23
全国（诸河）	109 765.40	100 710.93	87 160.44	2 342.14	698.55	144.73	119.22	63.92	103.02	267.66

*中国水利年鉴（2017）

2. 各地区农田水利建设

研究区域主要采用喷灌、微灌、低压管灌等灌溉模式。2016年，黄淮流域节水灌溉面积为13 808.34万亩，低压管灌面积最大，为5 143.12万亩。相比2016年，2017年节水灌溉面积增加了702.27万亩，3种灌溉技术模式的面积较2016年均有不同程度的增加，增加幅度为60.59万~321.80万亩；黄河流域的喷灌、微灌与低压管灌面积上升幅度分别为5.92%、25.44%和4.23%；淮河流域的喷灌、微灌与低压管灌面积上升幅度分别为6.25%、19.57%和7.67%[18,19]。

各省节水灌溉面积由大到小依次为山东、江苏、河南和安徽，其中山东省的节水灌溉面积超过4 500万亩，江苏省的节水灌溉面积

① 灌溉面积统计范围：已建成或基本建成的灌溉工程、水利综合利用工程、农田水利工程的灌溉面积，包括水利、农业等部门建设的灌溉面积。

超过3 000万亩。河南省和山东省的节水灌溉模式主要为低压管灌技术，面积分别为1 668. 18万亩和3 082. 01万亩，分别占全省节水灌溉面积的 61. 55%和 67. 39%，如表 10 所示。安徽省和江苏省的主要节水灌溉模式为渠道防渗技术。

表 10　2016—2017 年黄淮流域及各地区的节水灌溉面积　　单位：万亩

项目		节水灌溉面积①		喷灌		微灌		低压管灌	
年份		2016	2017	2016	2017	2016	2017	2016	2017
流域	黄河	6 015. 27	6 153. 84	442. 80	469. 02	600. 38	753. 11	2 109. 38	2 198. 54
	淮河	7 793. 07	8 356. 77	549. 99	584. 36	146. 75	175. 47	3 033. 74	3 266. 37
地区	河南省	2 709. 92	2 839. 91	249. 12	255. 99	51. 11	61. 80	1 668. 18	1 725. 75
	安徽省	1 415. 63	1 464. 00	161. 43	185. 90	26. 40	28. 02	102. 80	111. 11
	江苏省	3 633. 86	3 956. 21	101. 64	86. 93	85. 59	70. 49	248. 40	216. 93
	山东省	4 573. 68	4 819. 82	210. 03	216. 59	140. 82	167. 42	3 082. 01	3 317. 75
全国（诸河）		49 270. 49	51 478. 46	6 149. 18	6 416. 25	8 781. 87	9 425. 21	14 176. 88	14 985. 21

*中国水利年鉴（2017—2018）

2016—2018 年，全国累计新增高效节水灌溉面积6 505万亩，完成“十三五”规划纲要提出的 1 亿亩目标的 65%，其中河南省、安徽省、江苏省和山东省分别完成目标任务的 59%、55%、62% 和 64%[49]。如表 11 所示。

表 11　2016—2018 年各省高效节水灌溉任务完成情况　　单位：万亩

省份	2016 年高效节水灌溉建设情况		2017 年高效节水灌溉建设情况		2018 年高效节水灌溉建设情况		“十三五”方案任务实施情况		
	任务面积	完成面积	任务面积	完成面积	任务面积	完成面积	“十三五”总任务	2016—2018 年已安排任务	2016—2018 年实际完成任务
河南省	120. 00	122. 04	130. 00	131. 40	130. 00	130. 56	650. 00	380. 00	384. 00
安徽省	15. 00	15. 00	32. 00	35. 45	35. 00	38. 32	160. 00	82. 00	88. 77

① 节水灌溉面积只统计利用工程措施节水的面积。

（续表）

省份	2016年高效节水灌溉建设情况		2017年高效节水灌溉建设情况		2018年高效节水灌溉建设情况		“十三五”方案任务实施情况		
	任务面积	完成面积	任务面积	完成面积	任务面积	完成面积	“十三五”总任务	2016—2018年已安排任务	2016—2018年实际完成任务
江苏省	25.00	28.19	40.00	45.56	45.00	50.62	200.00	110.00	124.37
山东省	200.00	200.10	193.00	196.66	200.00	214.00	950.00	593.00	610.76
合计	2 000.00	2 182.30	2 000.00	2 165.10	2 000.00	2 157.97	10 000.00	6 000.00	6 505.36

* 农村水利水电工作年度报告（2018）

2016年，江苏省农村水利共完成投资112亿元，新建和改造灌排泵站3 750座，修建防渗渠道5 850km，累计新增有效灌溉面积61.95万亩，新增节水灌溉面积288万亩，其中高效节水灌溉面积32.25万亩。安徽省实施小型水利工程改造提升、高效节水灌溉项目县建设，农村水利基础设施体系不断完善。河南省实施了3处大型灌区、9处中型灌区配套改造，全年新增改善恢复有效灌溉面积260万亩，新增高效节水灌溉面积122万亩。山东省启动实施3处粮食作物和27处经济作物高效节水灌溉试验区建设[18]。

综上所述，研究区域各省通过高效节水灌溉项目建设、修建防渗渠道等各种工程措施节水，不同程度的加大了农田水利的投资力度，以期挖掘节水潜力，提高水资源的利用率。

（二）肥料使用情况分析

1. 各省肥料使用情况

化肥是保证作物产量的重要生产资料。豫北平原小麦—玉米轮作粮食高产区调研显示，小麦、玉米生产中氮肥使用量均最大，磷肥次之，钾肥最少，农户对氮、磷、钾肥的使用极其不均衡[50]。2010年以来，江苏省大力推进化肥减量增效行动，每年化肥使用总量和单位播种面积化肥使用强度均实现“双减”，亟须通过实行化肥定额使用，再挖化肥削减潜力[51]。根据安徽省农业农村厅2018年公布的农业生产化肥使用情况报告显示，安徽省平均化肥使用折纯量为23.23kg/亩，与国际公认的化肥使用强度15kg/亩相比，仍然存在较大差距，化肥的过度使用造成肥料浪费和耕地污染，如土壤酸化加剧[52]。山东省冬小麦追肥比例上升明显，且多元素肥料占比增加，但多数农户仍采用表施和撒施，或随大水漫灌冲施，造成大量养分挥发和淋洗流失[53]。

2016—2018年，河南省化肥使用折纯量最多，其中复合肥用量最大并逐年递增，氮肥、磷肥次之，钾肥最少，三种单一肥料均逐年递减。山东省氮肥、磷肥、钾肥、复合肥使用折纯量均逐年下降，用量表现为复合肥＞氮肥＞磷肥＞钾肥。安徽省氮肥、钾肥使用折纯量逐年依次递减，复合肥用量最大，氮肥次之，磷肥、钾肥用量相当。江苏省化肥使用折纯量表现为氮肥＞复合肥＞磷肥＞钾肥，三种单一肥料均逐年递减，如表12所示。

表12　2016—2018年研究区域农用化肥使用折纯量　　单位：万t

指标	氮肥使用折纯量			磷肥使用折纯量		
地区	2018年	2017年	2016年	2018年	2017年	2016年
河南省	201.67	219.98	228.30	96.35	108.08	113.76
安徽省	95.60	100.75	104.86	28.20	32.36	32.08
江苏省	145.59	151.36	158.17	33.97	36.82	40.88
山东省	130.67	139.16	146.04	42.13	45.25	47.06
全国	728.88	797.59	829.99	2 065.43	2 221.81	2 310.46

（续表）

指标	钾肥使用折纯量			复合使用折纯量		
地区	2018 年	2017 年	2016 年	2018 年	2017 年	2016 年
河南省	57. 44	58. 34	63. 31	337. 34	320. 30	309. 65
安徽省	27. 90	29. 75	30. 73	160. 10	155. 86	159. 33
江苏省	17. 23	18. 18	18. 88	95. 66	97. 49	94. 59
山东省	35. 64	38. 33	39. 64	211. 91	217. 23	223. 72
全国	590. 28	619. 74	636. 90	2 268. 84	2 220. 27	2 207. 07

* 中国统计年鉴（2017—2019）

2. 施肥模式

不同施肥模式的作物增产率如表 13 所示，可为今后选择施肥模式提供数据支撑。

表 13　不同施肥模式及作物增产率[54-59]　　单位：%

序号	模式	作物	增产	来源	备注
1	有机肥+无机肥	小麦、玉米	9. 70	沈学善，2010	秸秆还田+施化肥
2	测土配方施肥	小麦	12. 60	桂　苗，2011	
		玉米	11. 40		
		水稻	15. 00		
		小麦	10. 40~21. 70	刘万秋，2010	
3	肥料控释	玉米	6. 45~17. 70	赵　杰，2011	
4	平衡施肥	玉米	2. 30~3. 10	侯云鹏，2014	
5	氮磷钾肥配施	小麦	55. 49	冯金凤，2013	

3. 不同作物施肥强度及生产水平

汇总黄淮流域 2016—2018 年小麦、玉米、水稻的产量、肥料使用量、种植面积等数据，分析其施肥强度和投入产出率，以期通过提高化肥利用率来挖掘作物增产潜力[1]。

（1）河南省

河南省主要粮食作物中，水稻平均单产水平和施肥强度最高，比小麦和玉米分别高 119.07kg/亩和 75.78kg/亩、6.4kg/亩和 12.57kg/亩；水稻投入产出率比小麦高 0.54kg/kg，比玉米低 5.98kg/kg；小麦施肥强度比玉米高 6.17kg/亩，单产水平比玉米低 42.29kg/亩，投入产出率比玉米低 6.52kg/kg。河南省需提高小麦和水稻的化肥利用率，挖掘其生产潜力（图 1 至图 3）。

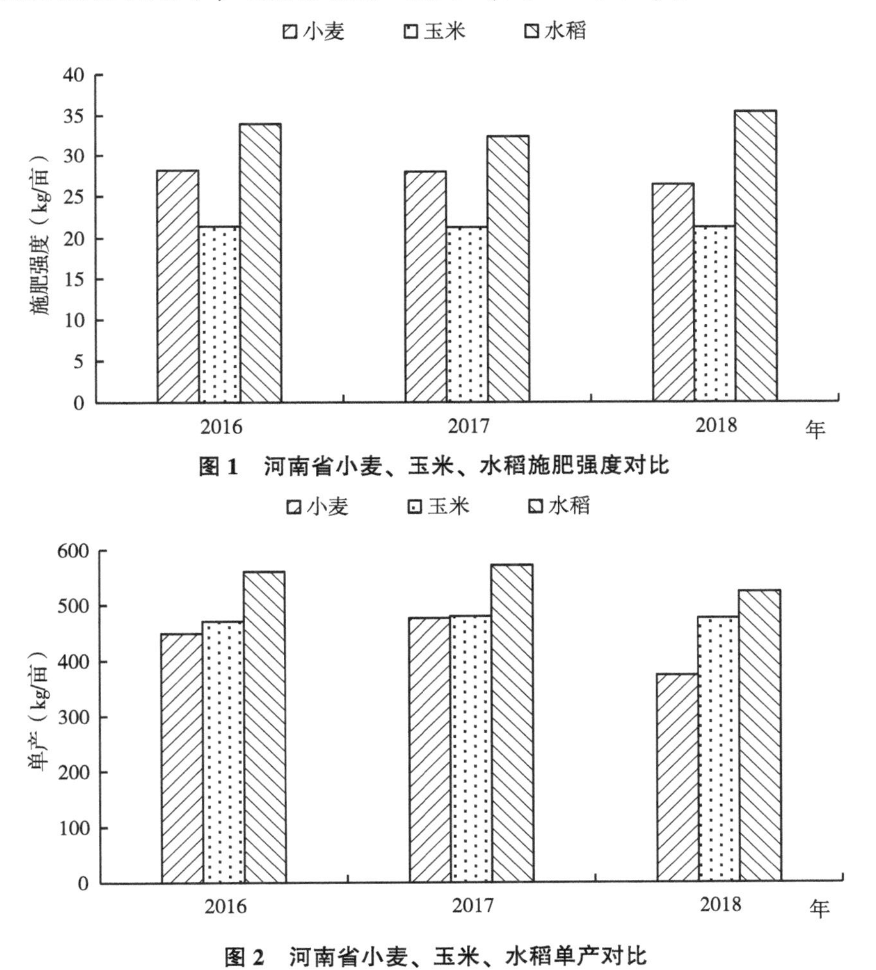

图 1　河南省小麦、玉米、水稻施肥强度对比

图 2　河南省小麦、玉米、水稻单产对比

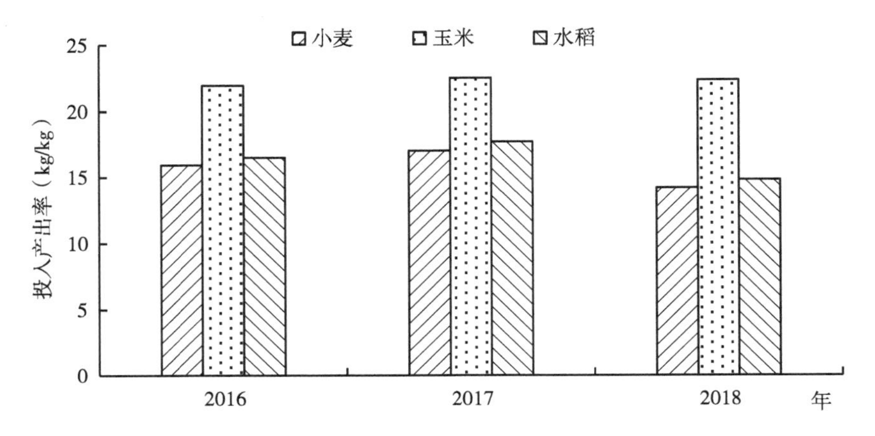

图 3　河南省小麦、玉米、水稻化肥投入产出率对比

（2）安徽省

安徽省主要粮食作物中，小麦平均施肥强度最高，比水稻和玉米分别高 4.8kg/亩和 4.6kg/亩；小麦单产水平和投入产出率最低，分别比水稻和玉米低 94.12kg/亩和 44.20kg/亩、6.62kg/kg 和 4.40kg/kg；玉米施肥强度比水稻高 0.20kg/亩，单产水平比水稻低 49.42kg/亩，投入产出率比水稻低 2.22kg/kg，玉米投入产出率出现报酬递减趋势。安徽省需提高小麦和玉米的化肥利用率，挖掘其生产潜力（图 4 至图 6）。

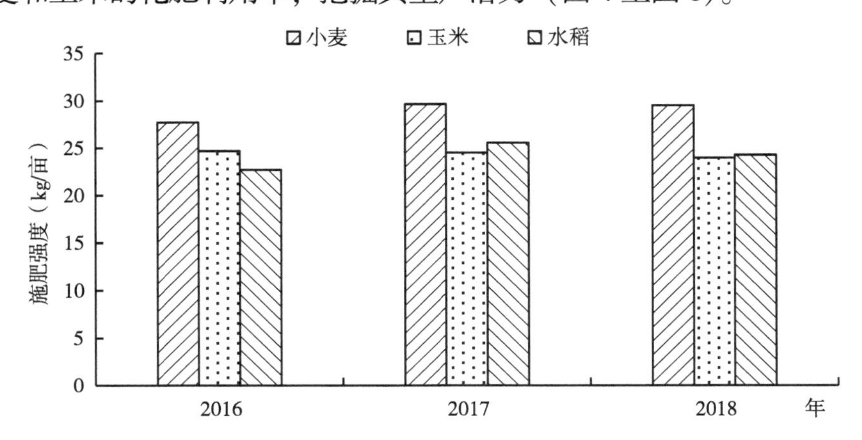

图 4　安徽省小麦、玉米、水稻施肥强度对比

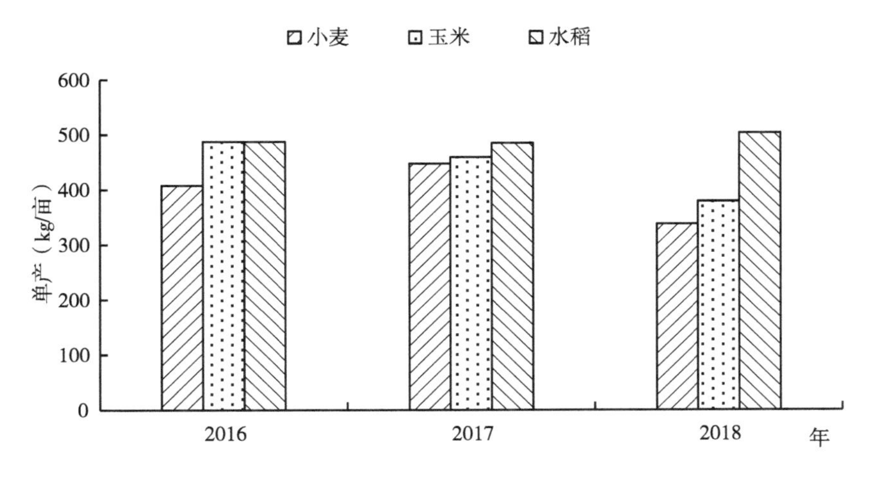

图 5 安徽省小麦、玉米、水稻单产对比

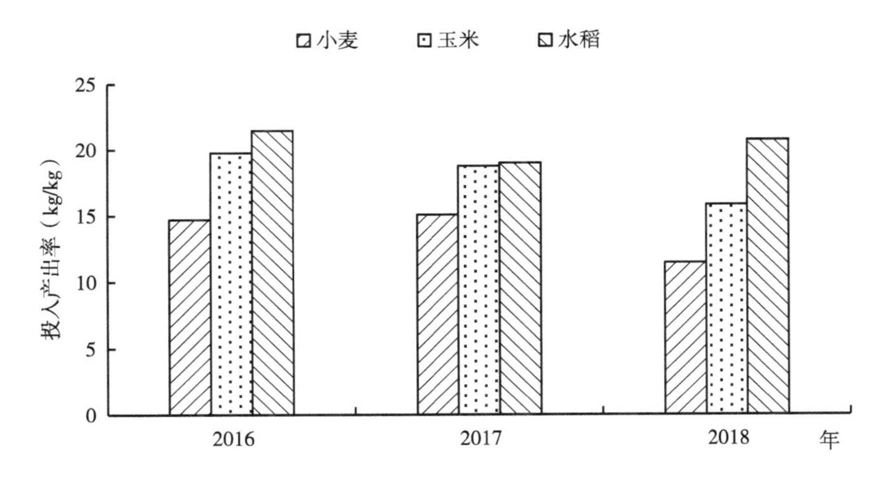

图 6 安徽省小麦、玉米、水稻化肥投入产出率对比

（3）江苏省

江苏省主要粮食作物中，水稻平均单产、施肥强度最高，比小麦和玉米分别高 197.21kg/亩和 134.73kg/亩、7.44kg/亩和 8.69kg/亩；水稻的投入产出率比小麦高 2.57kg/kg，比玉米低 0.32kg/kg；小麦施肥强度比玉米高 1.25kg/亩，单产水平比玉米低 62.48kg/亩，投入产出率比玉米低2.89kg/kg。江苏省需提高水稻和小麦的化肥利用率，挖掘其增产潜力（图7至图9）。

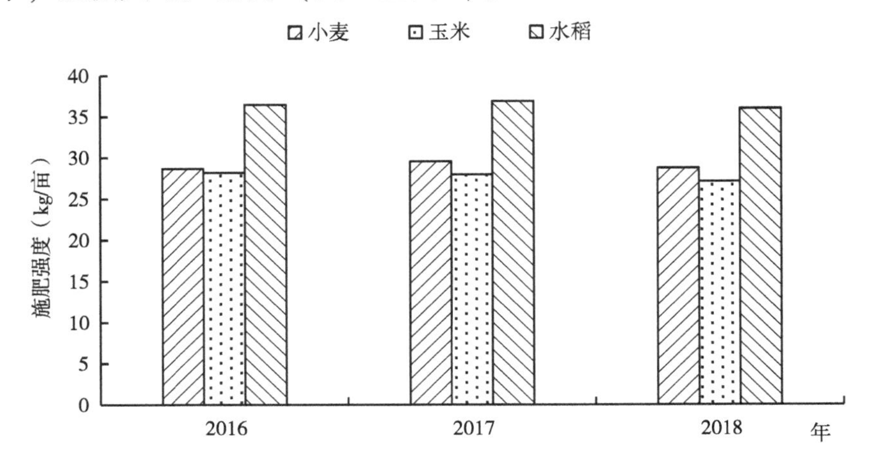

图7　江苏省小麦、玉米、水稻施肥强度对比

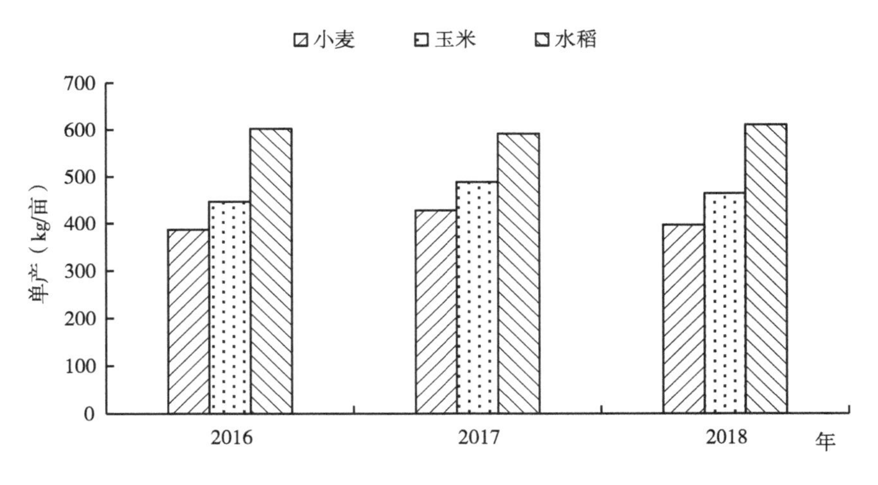

图8　江苏省小麦、玉米、水稻单产对比

（4）山东省

山东省主要粮食作物中，水稻平均单产水平和施肥强度最高，比小麦和玉米分别高191.12kg/亩和126.72kg/亩、3.67kg/亩和6.79kg/亩；水稻投入产出率比小麦高4.11kg/kg，比玉米低

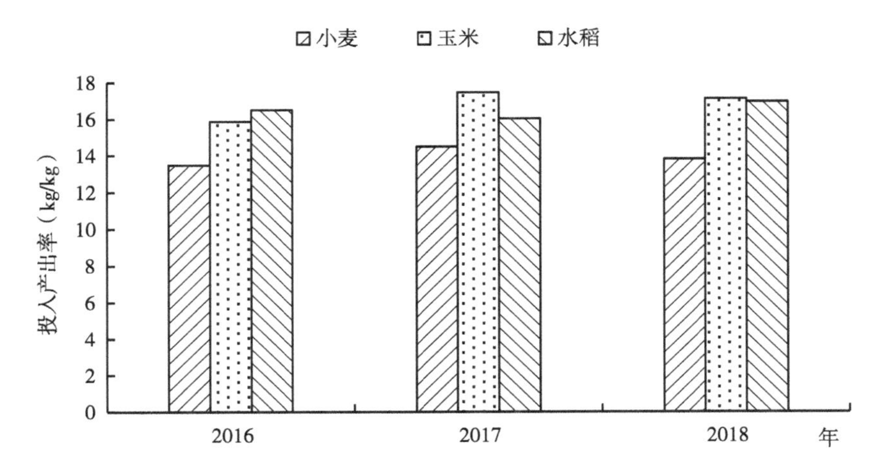

图 9　江苏省小麦、玉米、水稻化肥投入产出率对比

0. 09kg/kg，水稻投入产出率出现报酬递增趋势；小麦施肥强度比玉米高 3. 12kg/亩，单产水平比玉米低 64. 40kg/亩，投入产出率比玉米低 4. 20kg/kg。山东省需提高小麦的化肥利用率，挖掘其生产潜力（图 10 至图 12）。

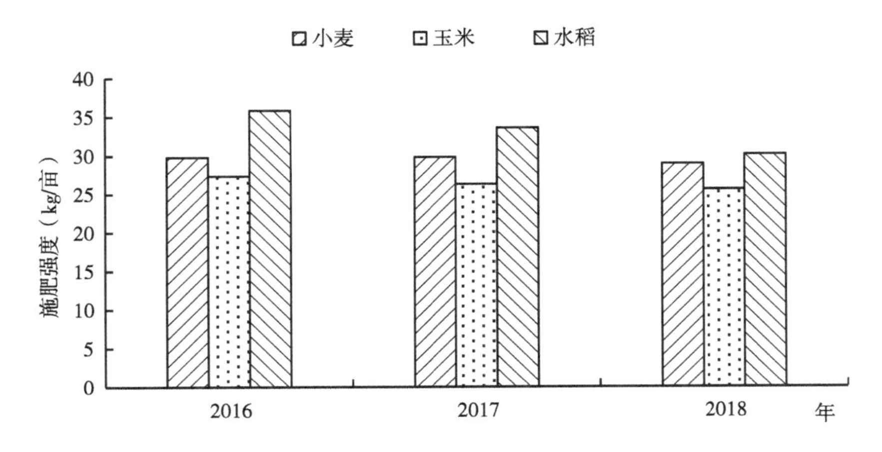

图 10　山东省小麦、玉米、水稻施肥强度对比

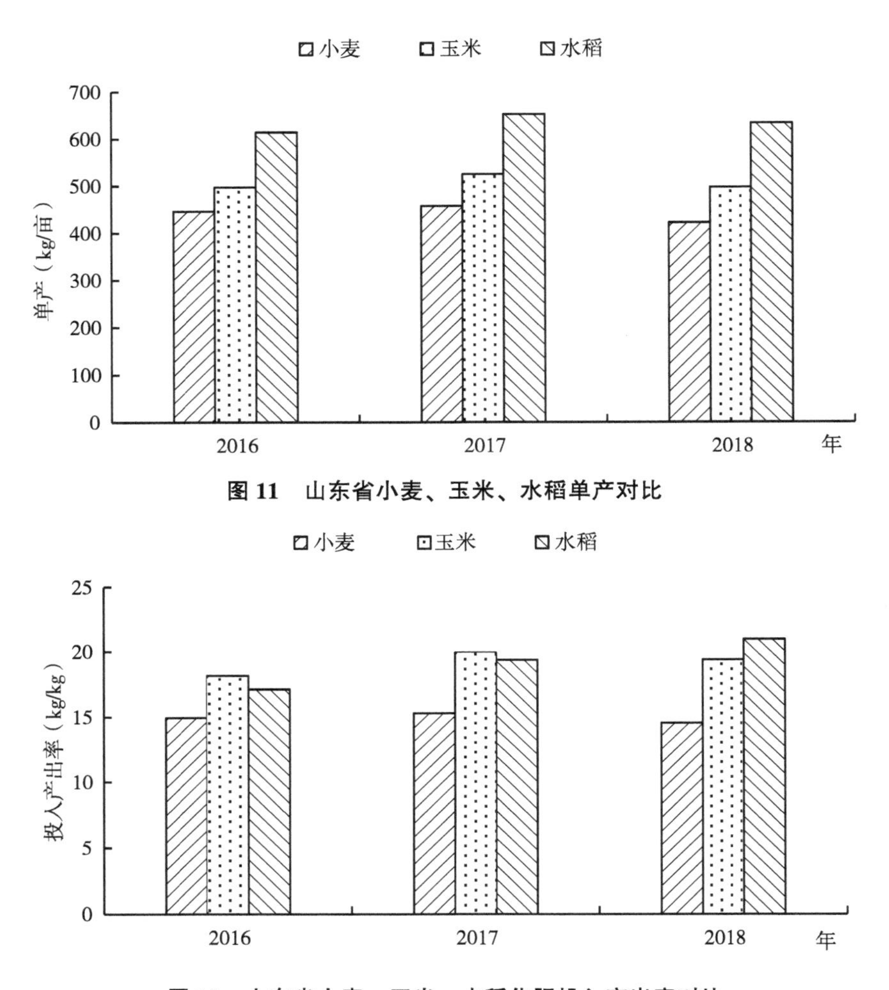

图 11　山东省小麦、玉米、水稻单产对比

图 12　山东省小麦、玉米、水稻化肥投入产出率对比

四、调研数据分析

（一）种植模式

研究区域小麦、玉米、水稻的种植模式以小麦—玉米周年种植（黄淮北部、中南部）、小麦—水稻周年种植（沿淮区）为主。

（二）农户种植面积

黄淮流域农业生产以小农户为主，调研样本总数为1 057个，耕地面积小于10亩的农户为896个，占比84.77%；大于2 000亩的农户仅1个，占比0.09%，如表14所示。

表14　2016年黄淮流域一般农户与新型农业经营主体的调研样本基本情况

项目		调研样本	
		数量（个）	比例（%）
耕地面积（亩）	＜10	896	84.77
	10～50	107	10.12
	50～100	10	0.95
	100～300	33	3.12
	300～500	5	0.47
	500～1 000	3	0.28
	1 000～2 000	2	0.19
	＞2 000	1	0.09

（续表）

项目		调研样本	
		数量（个）	比例（%）
规模类型	一般农户	1004	94.99
	规模农户	53	5.01

（三）生产费用分析

1. 小麦生产费用

主要费用有种子、肥料、农药、机械作业、排灌、燃料动力、保险、用工、地价等。黄淮流域的小麦平均生产费用为 662.27 元/亩，其中肥料、农药和排灌平均费用为 215.59 元/亩，占总费用的 32.55%。

（1）排灌费用

山东省的平均排灌费用最高，为 41.21 元/亩；江苏省和安徽省雨量充沛，产生的排灌费用较少。

（2）肥料费用

肥料主要包括化肥与农家肥。各省化肥费用较均衡，在 140~170 元/亩；山东省农家肥的费用最高，费用为 19.46 元/亩，明显高于其他省份。

（3）农药费用

各省的平均农药费用在 16.90~35.23 元/亩，江苏省最高，山东省最低。

研究区域 2016 年小麦的生产费用如表 15 所示。

表15　2016年黄淮流域小麦生产费用　　单位：元/亩

地区	种子	肥料		农药	机械作业	排灌	燃料动力	自营地价	流转地价	雇佣	保险	其他费用
		化肥	农家肥									
河南省	63.87	162.98	0.00	25.04	138.12	18.14	0.00	254.81	37.48	9.64	0.00	3.32
安徽省	66.95	140.44	6.51	21.83	148.23	1.07	0.00	184.92	40.02	0.00	10.67	4.62
江苏省	76.47	132.93	9.65	35.23	134.26	6.25	0.04	173.56	51.82	3.20	18.07	18.07
山东省	47.94	167.30	19.46	16.90	163.74	41.21	2.95	164.53	1.88	10.24	4.81	11.06
黄淮流域	65.05	151.18	12.00	24.10	143.74	28.31	0.71	192.77	28.41	0.00	5.68	10.32

注：其他费用主要指工具材料费、修理维修费、固定资产折旧费和成本外支出。

2. 玉米生产费用

研究区域的玉米平均生产费用为568.29元/亩，肥料、农药和排灌平均费用为179.41元/亩，占总费用的31.57%，其中河南省最高，安徽省最低，其他省份与平均水平相当。

（1）排灌费用

河南省和山东省的平均排灌费用相当，分别为38.22元/亩、45.59元/亩，江苏省与安徽省雨量充沛，排灌费用很少。

（2）肥料费用

肥料主要包括化肥与农家肥。山东省农家肥费用最高，为15.14元/亩，河南省不使用农家肥，其他两省的农家肥用量相当。

（3）农药费用

平均农药费用为16.07~25.39元/亩，江苏省最高，安徽省最低。

研究区域2016年玉米的生产费用如表16所示。

表 16　2016 年黄淮流域玉米生产费用　　单位：元/亩

地区	种子	肥料		农药	机械作业	排灌	燃料动力	自营地价	流转地价	雇佣	保险	其他费用
		化肥	农家肥									
河南省	48.88	136.72	0.00	20.20	115.23	38.22	2.13	234.62	27.48	9.64	0.00	4.83
安徽省	56.30	135.50	3.30	16.07	77.66	6.28	0.14	164.92	30.02	0.00	10.67	4.69
江苏省	56.00	138.92	4.4	25.39	70.48	12.17	0.00	180.56	48.23	3.20	18.07	12.07
山东省	48.55	153.51	15.14	19.94	109.89	45.59	2.13	146.53	1.68	10.24	4.81	15.86
黄淮流域	55.24	130.49	11.21	16.02	105.11	21.69	0.64	182.95	28.41	0.00	5.68	10.85

3. 水稻生产费用

研究区域的水稻平均生产费用为 747.89 元/亩，其中肥料、排灌平均费用为 242.06 元/亩，占总费用的 32.37%。河南省的生产费用最高，为 812.04 元/亩，其次为江苏省和安徽省。

（1）排灌费用

江苏省和河南省的平均排灌费用最高，分别为 53.08 元/亩和 49.36 元/亩，安徽省最低，为 7.93 元/亩。

（2）肥料费用

河南省的化肥和农家肥平均费用最高，分别为 179.64 元/亩和 10.63 元/亩，安徽省的化肥平均费用最低，为 104.22 元/亩，江苏省的农家肥平均费用最低，为 6.21 元/亩。

（3）农药费用

平均农药费用为 80.25～100.15 元/亩，与当地的气候与病虫害发生有密切关系，且远高于小麦与玉米的农药费用。

研究区域 2016 年水稻的生产费用如表 17 所示。

表 17　2016 年黄淮流域水稻生产费用　　单位：元/亩

地区	种子	肥料		农药	机械作业	排灌费	燃料动力	自营地价	流转地价	雇佣	保险
		化肥	农家肥								
河南省	46.71	179.64	10.63	74.25	115.67	49.36	0.00	159.80	21.83	154.15	0.00
安徽省	40.10	104.22	6.21	80.25	152.91	7.93	5.94	139.36	54.79	37.08	18.62
江苏省	45.35	165.26	5.56	100.15	169.33	53.08	0.00	141.40	65.60	16.84	21.64
黄淮流域	42.22	149.80	8.80	90.88	145.97	33.66	0.00	144.52	47.40	66.77	13.00

注：山东省水稻种植面积较少，仅对河南、安徽、江苏三省展开分析。

（四）水资源分析

在小麦生产过程中，河南省农户实际用水量为 197.58m^3/亩，灌溉方式各有差异，豫东以井渠结合为主，豫中以井灌为主，豫南则以渠灌为主；安徽省农户实际用水量为 109.22m^3/亩，以渠灌方式为主；江苏省降水量充沛，农户实际用水量最少，为 74.33m^3/亩；山东省农户实际用水量为 170.33m^3/亩。

在玉米生产过程中，河南省农户实际用水量最高，为 138.77m^3/亩，安徽省农户实际用水量为 135.70m^3/亩，江苏省农户实际用水量最低，为 111.92m^3/亩。

（五）化肥使用量分析

在农业生产中使用大量化肥会引起水体、土壤和大气的污染，本节主要分析调研农户的化肥使用量。

1. 小麦化肥使用量

小麦生产中主要使用三元素复合肥（占比 47.39%）、尿素（占比 32.39%）和其他复合肥（占比 4.31%），且各省的使用量存在较大的差异。江苏省的底肥三元素复合肥使用较少，而在追肥过程中尿素使用量较其他省份显著增加；其他肥料中，山东省的碳酸氢铵使用量最高，安徽省最低；安徽省和河南省的磷肥使用量较高；氯化钾仅安徽省与山东省的部分农户使用（表 18）。

表 18　2016 年黄淮流域小麦化肥使用量

地区	三元素复合肥			尿素			碳酸氢铵		
	使用量（kg/亩）	折纯量（kg/亩）	占比（%）	使用量（kg/亩）	折纯量（kg/亩）	占比（%）	使用量（kg/亩）	折纯量（kg/亩）	占比（%）
河南省	25.45	11.45	47.59	12.63	5.81	24.15	3.67	0.62	2.58
安徽省	28.95	13.03	48.95	13.85	6.37	23.93	0.34	0.06	0.23
江苏省	16.67	7.50	42.78	16.60	7.63	43.53	2.34	0.40	2.28
山东省	34.21	15.39	59.44	12.15	5.59	21.59	5.86	1.00	3.86
黄淮流域	27.01	12.16	47.39	18.07	8.31	32.39	3.08	0.65	2.53

地区	过磷酸钙			氯化钾			其他复合肥		
	使用量（kg/亩）	折纯量（kg/亩）	占比（%）	使用量（kg/亩）	折纯量（kg/亩）	占比（%）	使用量（kg/亩）	折纯量（kg/亩）	占比（%）
河南省	2.22	0.38	1.58	0.00	0.00	0.00	17.24	5.80	5.80
安徽省	4.00	0.56	2.10	0.27	0.16	0.60	14.08	6.44	6.44
江苏省	0.68	0.09	0.51	0.00	0.00	0.00	4.83	1.91	1.91
山东省	0.62	0.08	0.31	0.03	0.02	0.08	8.75	3.81	3.81
黄淮流域	1.36	0.21	0.82	0.03	0.02	0.08	11.05	4.31	4.31

2. 玉米化肥使用量

玉米生产过程中主要使用三元素复合肥和尿素，其中三元素复合肥占比在 28.29%～64.19%，山东省使用量最多，为 24.38kg/亩，江苏省最少，为 13.38kg/亩；尿素占比在 32.55%～68.37%，江苏省使用量最高，为 31.63kg/亩，河南省使用量最低，为 11.72kg/亩；其他肥料中，江苏省的碳酸氢铵使用量最高，安徽省最低；磷肥只有安徽省和江苏省使用，氯化钾仅山东省的部分农户使用（表19）。

表19　2016年黄淮流域玉米化肥使用量

地区	三元素复合肥			尿素			碳酸氢铵		
	使用量（kg/亩）	折纯量（kg/亩）	占比（%）	使用量（kg/亩）	折纯量（kg/亩）	占比（%）	使用量（kg/亩）	折纯量（kg/亩）	占比（%）
河南省	23.62	10.63	64.19	11.72	5.39	32.55	2.00	0.34	2.05
安徽省	21.78	9.80	43.77	23.89	10.99	49.08	0.82	0.14	0.63
江苏省	13.38	6.02	28.29	31.63	14.55	68.37	3.00	0.51	2.4
山东省	24.38	10.97	56.03	17.11	7.87	40.19	1.41	0.33	1.69

地区	过磷酸钙			氯化钾			其他复合肥		
	使用量（kg/亩）	折纯量（kg/亩）	占比（%）	使用量（kg/亩）	折纯量（kg/亩）	占比（%）	使用量（kg/亩）	折纯量（kg/亩）	占比（%）
河南省	0.00	0.00	0.00	0.00	0.00	0.00	0.67	0.20	1.21
安徽省	0.76	0.13	0.58	0.00	0.00	0.00	4.43	1.33	5.94
江苏省	1.18	0.20	0.94	0.00	0.00	0.00	0.00	0.00	0.00
山东省	0.00	0.00	0.00	0.18	0.03	0.15	1.27	0.38	1.94

3. 水稻化肥使用量

水稻生产过程中主要使用三元复合肥和尿素，其中三元复合肥占比在38.61%~51.09%，江苏省使用量最多，为27.09kg/亩，安徽省最少，为24.51kg/亩；尿素占比在35.74%~57.68%，江苏省使用量最多，为39.59kg/亩，河南省最少，为18.50kg/亩；其他肥料中，河南省的碳酸氢铵使用量最高，为21.59kg/亩（表20）。

表20　2016年黄淮流域水稻化肥使用量

地区	三元素复合肥			尿素			碳酸氢铵		
	使用量（kg/亩）	折纯量（kg/亩）	占比（%）	使用量（kg/亩）	折纯量（kg/亩）	占比（%）	使用量（kg/亩）	折纯量（kg/亩）	占比（%）
河南省	25.84	11.63	48.85	18.50	8.51	35.74	21.59	3.67	15.41
安徽省	24.51	11.03	51.09	21.37	9.83	45.53	0.12	0.02	0.09

（续表）

地区	三元素复合肥			尿素			碳酸氢铵		
	使用量（kg/亩）	折纯量（kg/亩）	占比（%）	使用量（kg/亩）	折纯量（kg/亩）	占比（%）	使用量（kg/亩）	折纯量（kg/亩）	占比（%）
江苏省	27.09	12.19	38.61	39.59	18.21	57.68	6.35	1.08	3.42

地区	过磷酸钙			氯化钾			其他复合肥		
	使用量（kg/亩）	折纯量（kg/亩）	占比（%）	使用量（kg/亩）	折纯量（kg/亩）	占比（%）	使用量（kg/亩）	折纯量（kg/亩）	占比（%）
河南省	0.00	0.00	0.00	0.00	0.00	0.00	0.00	0.00	0.00
安徽省	0.00	0.00	0.00	4.18	0.71	3.29	0.00	0.00	0.00
江苏省	0.12	0.02	0.06	0.29	0.05	0.16	0.67	0.02	0.06

注：山东省水稻种植面积较少，仅对河南、安徽、江苏三省展开分析。

第三部分

节水、节肥潜力分析

一、小麦节水、节肥潜力分析

根据不同区域的小麦产量，将研究区域划分为低产区（231～384kg/亩）、中低产区（385～460kg/亩）、中高产区（461～523kg/亩）和高产区（524～620kg/亩）。其中豫北和淮北北部为中高产区和高产区，淮北南部和淮北平原为中低产区和低产区，其余地区为中低产区与中高产区（表21）。

表21　小麦产量区划分

序号	产量水平（kg/亩）	划分区域	豫北	豫东	豫南	豫中	淮北北部	淮北南部	淮北中部	淮北平原	鲁西南	鲁北	鲁中	鲁南
1	231～384	低产区						√		√				
2	385～460	中低产区		√	√	√		√	√	√	√		√	√
3	461～523	中高产区	√	√	√	√	√		√			√		
4	524～620	高产区	√				√							

（一）小麦节水潜力分析

1. 不同产量水平的小麦节水潜力分析

节水差额从大到小依次为中高产区＞低产区＞高产区＞中低产区；节水潜力从大到小依次为低产区＞中高产区＞中低产区＞高产

区（表22）。

（1）高产区

高产区主要集中在河南省新乡市的长垣县、封丘县、原阳县和延津县，安徽省的濉溪县和谯城区。93.32%的农户在实际生产中用水过量；3.57%的农户生产用水与灌溉定额基本一致；2.68%的农户生产用水低于灌溉定额，且所有样本的产量均低于高产区的平均产量。

（2）中高产区

中高产区主要集中在河南省的大部、安徽省的北部和山东省的北部地区。85.31%的农户在实际生产中用水过量；1.40%的农户生产用水与灌溉定额基本一致；13.29%的农户生产用水低于灌溉定额，且所有样本的产量与中高产区平均产量相当。

（3）中低产区

中低产区主要集中在安徽省大部和江苏省境内的连云港市、徐州市、盐城市和淮安地区，山东省的中南部地区，平均产量为423.37kg/亩。89.90%的农户在实际生产过程中用水过量；10.10%的农户生产用水低于灌溉定额，且绝大多数样本的产量略高于该地区的平均产量。

（4）低产区

低产区主要集中在江苏省境内，平均产量为322.04kg/亩。92.59%的农户在实际生产过程中用水过量；7.17%的农户生产用水低于灌溉定额，且绝大多数样本的小麦产量略高于该地区的平均产量。

表22 各区域的小麦平均产量以及用水量

区域	样本量（个）	调查面积（亩）	平均产量（kg/亩）	灌溉定额（m^3/亩）	农户实际用水量（m^3/亩）	差额（m^3/亩）	节水潜力（%）
低产区	216	7 480.00	322.04	71.22	88.95	17.73	19.93
中低产区	324	4 139.58	423.37	113.20	121.94	8.74	7.17

（续表）

区域	样本量（个）	调查面积（亩）	平均产量（kg/亩）	灌溉定额（m^3/亩）	农户实际用水量（m^3/亩）	差额（m^3/亩）	节水潜力（%）
中高产区	286	128 120.68	500.82	200.00	224.00	24.00	10.71
高产区	116	31 527.92	554.81	197.78	211.33	13.55	6.41

（5）节水潜力总结

不同产量水平区域内，绝大多数的农户均存在生产用水过量问题，在中高产区、中低产区、低产区，农户生产用水低于灌溉定额时，产量不低于该地区的平均产量，说明小麦有较大节水潜力，且在小农户的样本中体现更加明显。

2. 不同生态区的小麦节水潜力分析

小麦在研究区域的三大主粮中播种面积最大、分布最广，涉及的生态类型最多，以下以生态区为依据进行节水潜力分析。

各生态区的农户在小麦生产过程中，均出现不同程度的水资源浪费情况。由于各生态区降水资源在时间与空间上的不平衡，各地节水潜力差异性较大。仅豫北、淮北南部、淮北中部和江苏淮北平原在三种产量水平下均有节水潜力，为9.96%~40%，可节约量为8~38m^3/亩；其他地区在三种产量水平下，小麦用水量均出现至少一次低于灌溉定额的情况，节水潜力幅度在-13.13%~23.75%。小麦节水潜力如表23所示。

表23　黄淮流域各生态区小麦生产节水潜力

生态区	产量水平	阈值（kg/亩）	灌溉定额（m^3/亩）	农户实际用水量（m^3/亩）	差额（m^3/亩）	节水潜力（%）
豫北	高	＞550	235	261	26	9.96
	中	500~550	235	273	38	13.92
	低	＜500	235	261	26	9.96

（续表）

生态区	产量水平	阈值（kg/亩）	灌溉定额（m^3/亩）	农户实际用水量（m^3/亩）	差额（m^3/亩）	节水潜力（%）
豫东	高	＞520	175	197	22	12.57
	中	470~520	175	170	-5	-2.86
	低	＜470	175	186	11	6.29
豫中	高	＞530	160	150	-10	-6.25
	中	475~530	160	179	19	11.88
	低	＜475	160	168	8	5.00
豫南	高	＞520	175	171	-4	-2.29
	中	450~520	175	187	12	6.86
	低	＜450	175	168	-7	-4.00
淮北南部	高	＞450	60	74	14	23.33
	中	350~450	60	84	24	40.00
	低	＜350	60	80	20	33.33
淮北北部	高	＞540	155	149	-6	-3.87
	中	510~540	155	154	-1	-0.65
	低	＜510	155	145	10	6.45
淮北中部	高	＞460	80	99	19	23.75
	中	410~460	80	102	22	27.50
	低	＜410	80	96	16	20.00
江苏淮北平原	高	＞450	60	69	9	15.00
	中	410~450	60	68	8	13.33
	低	＜410	70	86	15	21.43
鲁西南	高	＞500	150	180	30	20.00
	中	470~500	150	153	3	2.00
	低	＜470	150	145	-5	-3.33
鲁北	高	＞500	190	213	23	12.11
	中	420~500	190	219	29	15.26
	低	＜420	190	181	-9	-4.74

（续表）

生态区	产量水平	阈值（kg/亩）	灌溉定额（m^3/亩）	农户实际用水量（m^3/亩）	差额（m^3/亩）	节水潜力（%）
鲁中	高	＞520	160	168	8	5.00
	中	460~520	160	180	20	12.50
	低	＜460	160	155	-5	-3.13
鲁南	高	＞450	160	165	5	3.13
	中	400~450	160	146	-14	-8.75
	低	＜400	160	139	-21	-13.13

（二）小麦节肥潜力分析

随着化肥投入量的增加，小麦产量的边际效益呈抛物线状。调研得出，农户在小麦生产过程中普遍存在化肥使用过量的现象，绝大多数农户采用传统的肥料使用方式，即底肥（三元素复合肥）+追肥（尿素）。

灌溉制度对小麦的施肥制度有着较大影响，基于研究区域的气候特征，可细分为灌溉冬麦区和雨养冬麦区。灌溉冬麦区主要包括山东省和河南省中北部，雨养冬麦区主要包括江苏和安徽两省位于淮河以北的地区、河南省东南部。分析结果如表 24 所示。

1. 灌溉冬麦区节肥潜力

（1）肥料使用量与推荐量比较分析

灌溉冬麦区的中低产区、中高产区和高产区，农户氮肥实际用量较推荐量分别高 17.53%、9.67%和 5.21%；磷肥实际用量较推荐量分别高 42.59%、23.94%和 11.28%；钾肥实际用量较推荐量分别高 56.48%、17.13%和 7.04%；农户氮磷钾总养分实际用量较推荐量

表 24 各产量区域小麦化肥使用量

区域			总养分				氮			
			推荐用量（kg/亩）	农户实际用量（kg/亩）	节肥量（kg/亩）	节肥潜力（%）	推荐用量（kg/亩）	农户实际用量（kg/亩）	节肥量（kg/亩）	节肥潜力（%）
灌溉冬麦区	中低产区	豫中	19.36	25.37	6.01	0.24	10.72	12.60	1.88	0.15
	中高产区	豫北、豫中	24.79	28.50	3.71	0.13	13.23	14.51	1.28	0.09
	高产区	豫北	29.22	31.32	2.10	0.07	15.74	16.56	0.82	0.05
雨养冬麦区	低产区	淮北平原	13.18	23.57	10.39	0.44	8.38	14.04	5.66	0.40
	中低产区	淮北中南部、淮北平原、豫东南平原	17.53	24.35	6.82	0.28	11.13	14.30	3.17	0.22
	中高产区	淮北中北部	23.93	26.90	2.97	0.11	14.63	15.18	0.55	0.04
	高产区	淮北北部、豫东南平原	29.33	31.07	1.74	0.06	18.13	17.79	-0.34	-0.02

（续表）

区域			磷				钾			
			推荐用量（kg/亩）	农户实际用量（kg/亩）	节肥量（kg/亩）	节肥潜力（%）	推荐用量（kg/亩）	农户实际用量（kg/亩）	节肥量（kg/亩）	节肥潜力（%）
灌溉冬麦区	中低产区	豫中	5.40	7.70	2.30	0.30	3.24	5.07	1.83	0.36
	中高产区	豫北、豫中	6.60	8.18	1.58	0.19	4.96	5.81	0.85	0.15
	高产区	豫北	7.80	8.68	0.88	0.10	5.68	6.08	0.40	0.07
雨养冬麦区	低产区	淮北平原	2.88	5.74	2.86	0.50	1.92	3.79	1.87	0.49
	中低产区	淮北中南部、淮北平原、豫东南平原	3.84	6.02	2.18	0.36	2.56	4.03	1.47	0.36
	中高产区	淮北中北部	4.98	7.10	2.12	0.30	4.32	4.62	0.30	0.06
	高产区	淮北北部、豫东南平原	6.12	8.19	2.07	0.25	5.08	5.09	0.01	0.00

*推荐用量来源于农业农村部网站。

分别高31.04%、14.96%和7.18%。灌溉冬麦区存在明显化肥使用过量的现象，且产量越低的区域，施肥过量情况越严重。

（2）肥料养分可节约量分析

灌溉冬麦区的中低产区、中高产区和高产区，氮肥可节约量依次为1.88kg/亩、1.28kg/亩和0.82kg/亩；磷肥可节约量依次为2.30kg/亩、1.58kg/亩和0.88kg/亩；钾肥可节约量依次为1.83kg/亩、0.85kg/亩和0.40kg/亩；农户氮磷钾总养分可节约量依次为6.01kg/亩、3.71kg/亩和2.10kg/亩。由此可得，在不同产量区域，各养分的节约量，均为中低产区＞中高产区＞高产区（图13）。各产量区域不同养分节约量，均为磷肥＞氮肥＞钾肥。

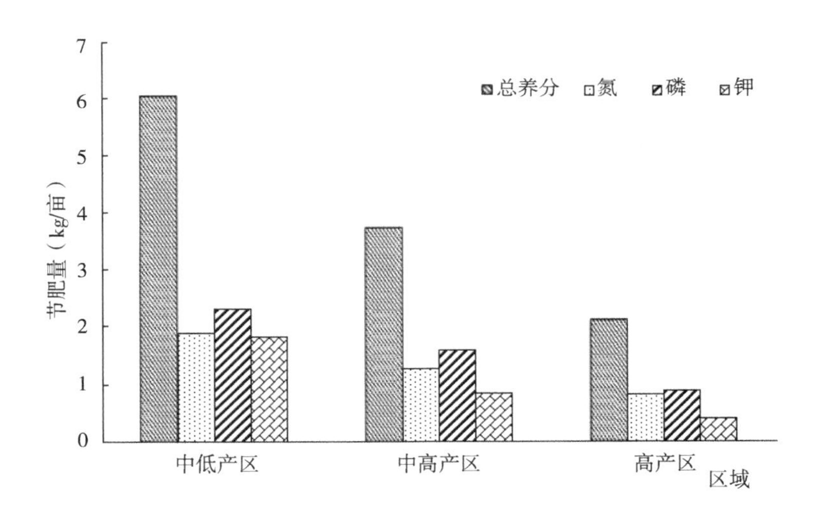

图13 灌溉冬麦区各产量水平养分可节约量

（3）节肥潜力分析

灌溉冬麦区的中低产区、中高产区和高产区，氮肥节肥潜力依次为14.92%、8.82%和4.95%；磷肥节肥潜力依次为29.87%、19.32%和10.14%；钾肥节肥潜力依次为36.09%、14.63%和

6. 58%；农户氮磷钾总养分节肥潜力依次为 23. 69%、13. 02% 和 6. 70%。由此可得，在不同产量区域，各养分的节肥潜力，均为中低产区＞中高产区＞高产区（图 14）。中低产区不同养分节肥潜力为钾肥＞磷肥＞氮肥；中高产区和高产区的不同养分节肥潜力为磷肥＞钾肥＞氮肥。

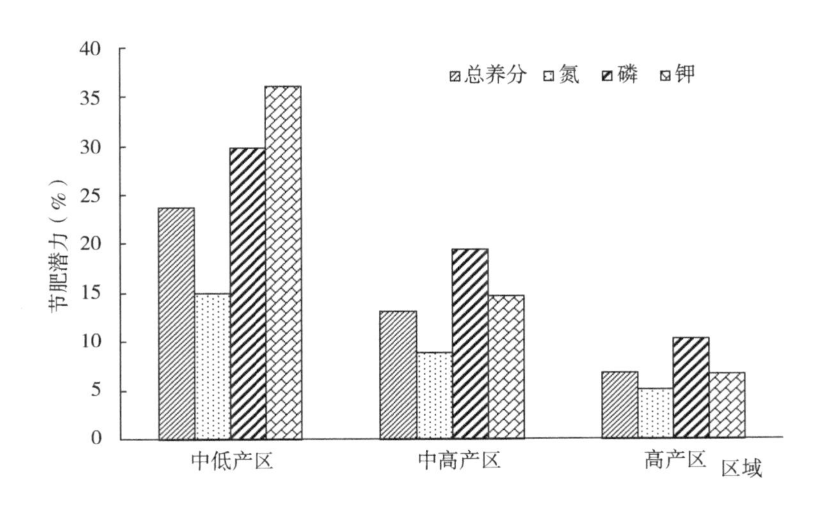

图 14　灌溉冬麦区各产量水平节肥潜力

综上所述，灌溉冬麦区产量越低的区域节肥量和节肥潜力越大；磷肥节肥量最大，氮肥次之，钾肥最少；磷肥、钾肥的节肥潜力均大于氮肥。

2. 雨养冬麦区节肥潜力

（1）肥料使用量与推荐量比较分析

雨养冬麦区的低产区、中低产区、中高产区和高产区，氮肥实际用量较推荐量分别高 67. 54%、28. 48%、3. 76% 和 -1. 88%；磷肥实际用量较推荐量分别高 99. 31%、56. 77%、42. 57% 和 33. 82%；钾肥实际用量较推荐量分别高 97. 40%、57. 42%、6. 94% 和 0. 20%；农户氮磷钾总养分实际用量较推荐量分别高 78.83%、38.90%、12.41%和 5.93%。雨养冬麦区产量越低的区域，施肥过量情况越严重。磷肥超量最为严重，钾肥次之，氮肥最少，与灌溉冬麦区的肥料使用特征相同（表 24）。

（2）肥料养分可节约量分析

雨养冬麦区的低产区、中低产区、中高产区和高产区，氮肥可节约量依次为 5.66kg/亩、3.17kg/亩、0.55kg/亩和-0.34kg/亩；磷肥可节约量依次为 2.86kg/亩、2.18kg/亩、2.12kg/亩和 2.07kg/亩；钾肥可节约量依次为 1.87kg/亩、1.47kg/亩、0.30kg/亩和 0.01kg/亩（图 15）；农户氮磷钾总养分可节约量依次为 10.39kg/亩、6.82kg/亩、2.97kg/亩和 1.74kg/亩。在低产区和中低产区，不同养分节约量为氮肥＞磷肥＞钾肥；中高产区不同养分节约量为磷肥＞氮肥＞钾肥；高产区不同养分节约量为磷肥＞钾肥＞氮肥。

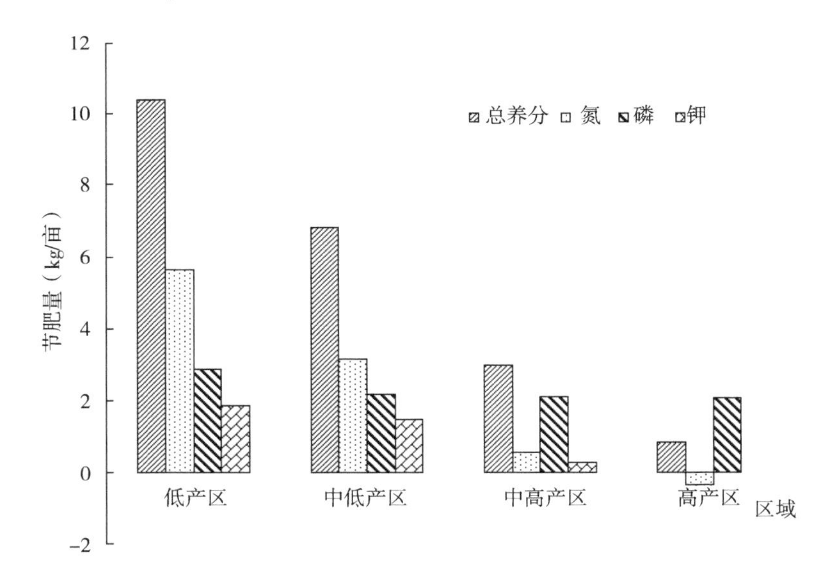

图 15　雨养冬麦区各产量水平养分可节约量

（3）节肥潜力分析

雨养冬麦区的低产区、中低产区、中高产区和高产区，氮肥节肥潜力依次为40.31%、22.17%、3.62%和-1.91%；磷肥节肥潜力依次为49.83%、36.21%、29.86%和25.27%；钾肥节肥潜力依次为49.34%、36.48%、6.49%和0.20%；农户氮磷钾总养分节肥潜力依次为44.08%、28.01%、11.04%和5.6%。低产区、中高产区和高产区的不同养分节肥潜力为磷肥＞钾肥＞氮肥；中低产区不同养分节肥潜力为钾肥≈磷肥＞氮肥（图16）。

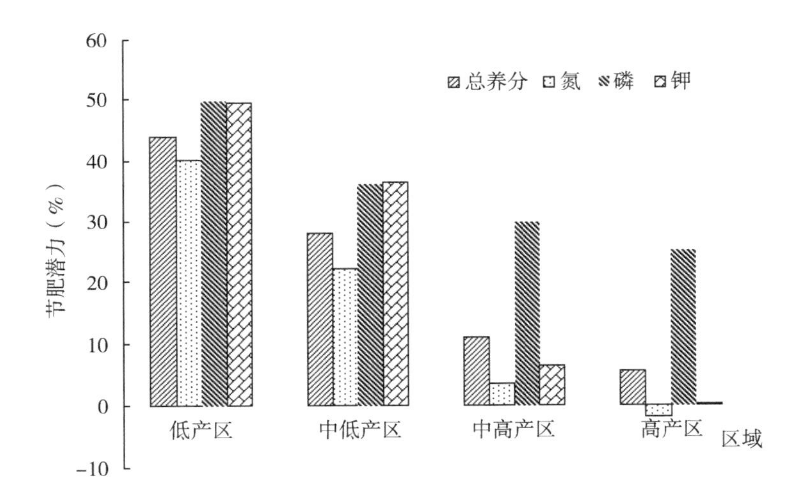

图16　雨养冬麦区各产量水平节肥潜力

综上所述，雨养冬麦区产量越低的区域肥料可节约量和节肥潜力越大；产量较低的区域氮肥的节肥量最大，产量较高的区域磷肥的节肥量最大；磷、钾肥的节肥潜力＞氮肥。

二、玉米节水、节肥潜力分析

根据不同区域玉米的产量，将研究区域划分为低产区（261～415kg/亩）、中低产区（416～483kg/亩）、中高产区（484～544kg/亩）和高产区（550～713kg/亩）。其中豫北和淮北北部为高产区，豫东、豫南、豫中和鲁北为中高产区和高产区，淮北南部、淮北中部、鲁西南、鲁中和鲁南为中高产区、中低产区，淮北平原为中低产区和低产区（表25）。

表25　玉米产量区划分

序号	产量水平（kg/亩）	划分区域	豫北	豫东	豫南	豫中	淮北北部	淮北南部	淮北中部	淮北平原	鲁西南	鲁北	鲁中	鲁南
1	261～415	低产区								√				
2	416～483	中低产区						√	√	√	√		√	√
3	484～544	中高产区		√	√	√		√	√		√	√	√	√
4	550～713	高产区	√	√	√	√	√					√		

（一）玉米节水潜力分析

各产区玉米在保持经济产量的前提下，均具有一定的节水潜力，且不同产区节水潜力差异较大，中低产区＞低产区＞中高产区＞高产区（表26）。

表 26　各区域的玉米平均产量及用水量

区域	样本量（个）	调查面积（亩）	平均产量（kg/亩）	灌溉定额（m^3/亩）	农户实际用水量（m^3/亩）	差额（m^3/亩）	节水潜力（%）
低产区	206	7 270.00	371.31	102.50	110.80	14.70	14.34
中低产区	331	3 989.58	455.47	102.50	120.20	17.50	17.07
中高产区	292	110 105.47	513.46	125.00	140.30	15.30	12.24
高产区	115	30 127.80	590.34	125.00	133.70	8.70	6.96

1. 高产区

高产区主要集中在河南省、江苏省的淮北市、安徽省的亳州市和山东省的德州市。80.33%的农户在实际生产中用水过量；10.67%的农户生产用水与灌溉定额基本一致，9.00%的农户生产用水低于灌溉定额（6.25%~10%），且所有样本的产量与高产区平均产量相当。

2. 中高产区

中高产区主要集中在河南省、山东省的大部和安徽省的北部。90.31%的农户在实际生产中用水过量，5.40%的农户生产用水与灌溉定额基本一致，5.33%的农户生产用水低于灌溉定额（5.22%~10.32%），且所有样本的产量与中高产区平均产量相当。

3. 中低产区

中低产区主要集中在安徽省大部和江苏省的连云港市、徐州市、盐城市和淮安市，平均产量为455.47kg/亩。87.90%的农户在实际生产过程中用水过量，12.10%的农户生产用水低于灌溉定额，且绝大多数样本的产量略低于该地区的平均产量。

4. 低产区

低产区主要集中在江苏省境内，平均产量为371.31kg/亩。由于该地区雨水资源丰富，100%的农户在实际生产过程中用水过量，节水潜力巨大。

（二）玉米节肥潜力分析

1. 肥料使用量与推荐量比较分析

在低产区、中低产区、中高产区和高产区，氮肥实际用量较推荐量分别高79.00%、39.83%、18.77%和3.43%；磷肥实际用量分别为推荐量的4.22倍、2.77倍、2.07倍和1.88倍；钾肥实际用量较推荐量分别高157.33%、36.49%、0.82%和-10.62%；农户氮磷钾总养分实际用量较推荐量高128.46%、62.03%、30.74%和15.06%。玉米产量越低的区域，施肥过量情况越严重。玉米生产整体呈现氮、磷、钾肥使用过量，养分配比不均衡的趋势；化肥使用过量程度为磷肥＞氮肥＞钾肥，低产区＞中低产区＞中高产区＞高产区（表27）。

表27　各产量区域玉米化肥使用量节肥量（kg/亩）

区域	总养分				氮			
	推荐用量（kg/亩）	农户实际用量（kg/亩）	节肥量（kg/亩）	节肥潜力（%）	推荐用量（kg/亩）	农户实际用量（kg/亩）	节肥量（kg/亩）	节肥潜力（%）
低产区	13.00	29.70	16.70	56.23	9.00	16.11	7.11	44.13
中低产区	18.00	29.16	11.16	38.28	11.00	15.38	4.38	28.48
中高产区	22.00	28.76	6.76	23.51	13.00	15.44	2.44	15.80
高产区	25.50	29.34	3.84	13.09	15.00	15.51	0.51	3.32

（续表）

区域	磷				钾			
	推荐用量（kg/亩）	农户实际用量（kg/亩）	节肥量（kg/亩）	节肥潜力（%）	推荐用量（kg/亩）	农户实际用量（kg/亩）	节肥量（kg/亩）	节肥潜力（%）
低产区	2.00	8.44	6.44	76.31	2.00	5.15	3.15	61.14
中低产区	3.00	8.32	5.32	63.96	4.00	5.46	1.46	26.74
中高产区	4.00	8.28	4.28	51.70	5.00	5.04	0.04	0.81
高产区	4.50	8.46	3.96	46.83	6.00	5.36	-0.64	-11.89

2. 肥料养分可节约量分析

在低产区、中低产区、中高产区和高产区，氮肥可节约量依次为7.11kg/亩、4.38kg/亩、2.44kg/亩和0.51kg/亩，磷肥可节约量依次为6.44kg/亩、5.32kg/亩、4.28kg/亩和3.96kg/亩，钾肥可节约量依次为3.15kg/亩、1.46kg/亩、0.04kg/亩和-0.64kg/亩；农户氮磷钾总养分可节约量依次为16.70kg/亩、11.16kg/亩、6.76kg/亩和3.84kg/亩。不同产量区域玉米总养分、氮、磷和钾的可节约量为低产区＞中低产区＞中高产区＞高产区＞低产区，不同养分可节约量为氮肥＞磷肥＞钾肥（图17）。

3. 节肥潜力分析

在低产区、中低产区、中高产区和高产区，氮肥节肥潜力依次为44.13%、28.48%、15.80%和3.32%；磷肥节肥潜力依次为76.31%、63.96%、51.70%和46.83%；钾肥节肥潜力依次为61.14%、26.74%、0.81%和-11.89%；农户氮磷钾总养分节肥潜力依次为56.23%、38.28%、23.51%和13.09%。不同产量区域玉米总养分、氮、磷和钾的节肥潜力为低产区＞中低产区＞中高产区＞高

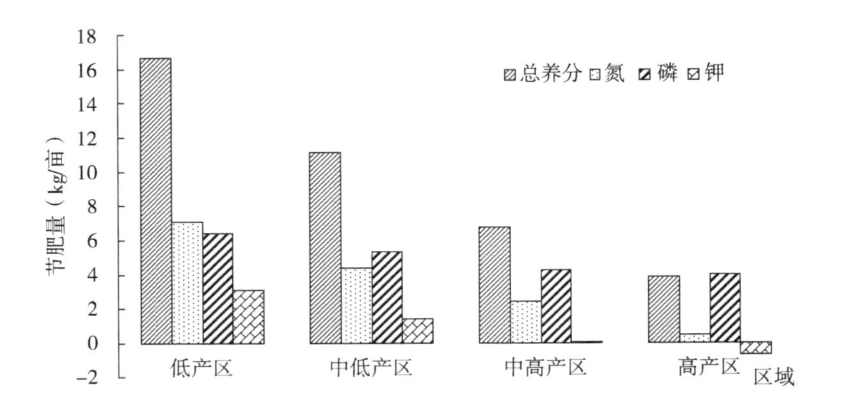

图 17　玉米各产区养分可节约量

产区。低产区不同养分节肥潜力为磷肥＞钾肥＞氮肥；其他产区不同养分节肥潜力由大到小依次为磷肥＞氮肥＞钾肥（图 18）。

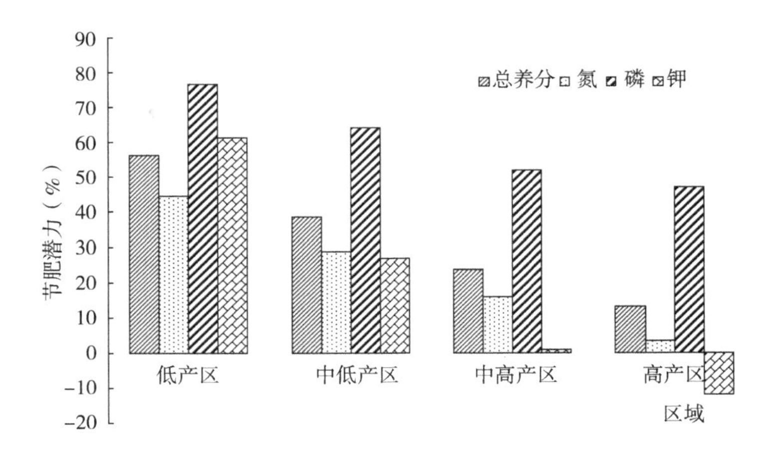

图 18　玉米各产区节肥潜力

综上所述，产量越低的区域，玉米肥料可节约量和节肥潜力越大。低产区氮肥的可节约量最大，其他区域磷肥的可节约量最大。3 种养分中，各产区磷肥的节肥潜力最大。

三、水稻节水、节肥潜力分析

水稻主要分布在沿淮区，当地水资源供应量充足，本研究仅开展水稻节肥潜力分析。

根据不同区域水稻的产量，将研究区域划分为低产区（233～411kg/亩）、中低产区（412～501kg/亩）、中高产区（502～560kg/亩）和高产区（561～665kg/亩）。其中豫南和淮北平原为高产区，淮北北部、中部为中高产区和中低产区，淮北南部与豫北为中低产区，豫中为低产区（表28）。

表28　水稻产量区划分

序号	产量水平（kg/亩）	划分区域	豫北	豫南	豫中	淮北北部	淮北南部	淮北中部	淮北平原
1	233～411	低产区			√				
2	412～501	中低产区	√			√	√	√	
3	502～560	中高产区				√		√	
4	561～665	高产区		√					√

注：山东省水稻种植面积较少，仅对河南、安徽、江苏三省开展分析。

水稻节肥潜力分析

1. 肥料使用量与推荐量比较分析

在低产区、中低产区、中高产区和高产区，磷肥实际用量分别较推荐量分别高 193.09%、156.18%、118.18%和 146.73%，钾肥实际用量较推荐量分别高 130.77%、115.08%、15.54%和 47.69%，农户氮磷钾总养分实际用量较推荐量分别高 116.15%、86.98%、36.13%和 45.96%，其中氮肥实际用量较推荐量分别高 51.38%、27.68%、7.27%和 0.72%。水稻生产呈现氮、磷、钾肥使用过量，养分使用比例不均衡的趋势，产量越低的区域，施肥过量情况越严重。化肥使用过量程度为钾肥＞磷肥＞氮肥，低产区＞中低产区＞高产区＞中高产区。

2. 肥料养分可节约量分析

在低产区、中低产区、中高产区和高产区，氮肥可节约量依次为 4.11kg/亩、2.63kg/亩、0.80kg/亩和 0.09kg/亩；磷肥可节约量依次为 10.62kg/亩、8.59kg/亩、6.50kg/亩和 8.07kg/亩；钾肥可节约量依次为 8.50kg/亩、7.48kg/亩、1.01kg/亩和 3.10kg/亩；农户氮磷钾总养分可节约量依次为 23.23kg/亩、18.70kg/亩、8.31kg/亩和 11.26kg/亩。不同产区水稻总养分的可节约量为低产区＞中低产区＞高产区＞中高产区，所有产区的养分可节约量为磷肥＞钾肥＞氮肥（图 19）。

3. 节肥潜力分析

在低产区、中低产区、中高产区和高产区，氮肥节肥潜力依次为 51.38%、27.68%、7.27% 和 0.72%，磷肥节肥潜力依次为 65.88%、60.97%、54.17% 和 59.47%，钾肥节肥潜力依次为 56.67%、53.51%、13.45%和 32.29%，农户氮磷钾总养分节肥潜力依次为 53.74%、46.52%、26.54%和 31.50%。不同产区水稻总养分的节肥潜力为低产区＞中低产区＞高产区＞中高产区，所有产区不

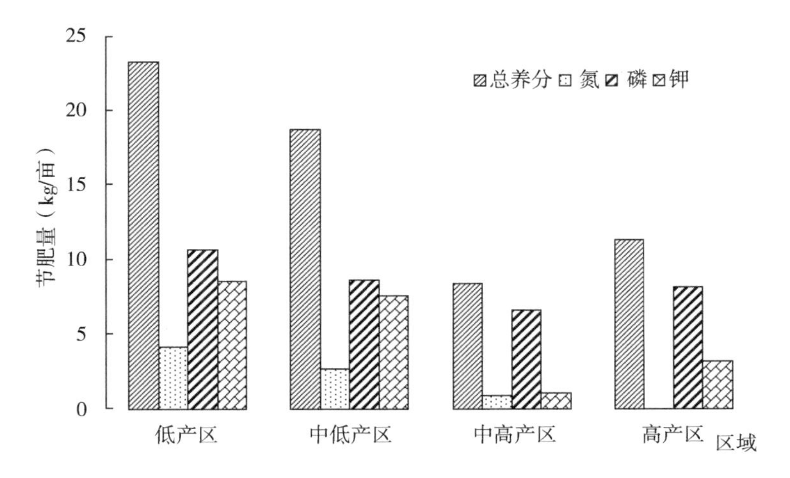

图 19　水稻各产区养分可节约量

同养分的节肥潜力为磷肥＞钾肥＞氮肥（图 20）。

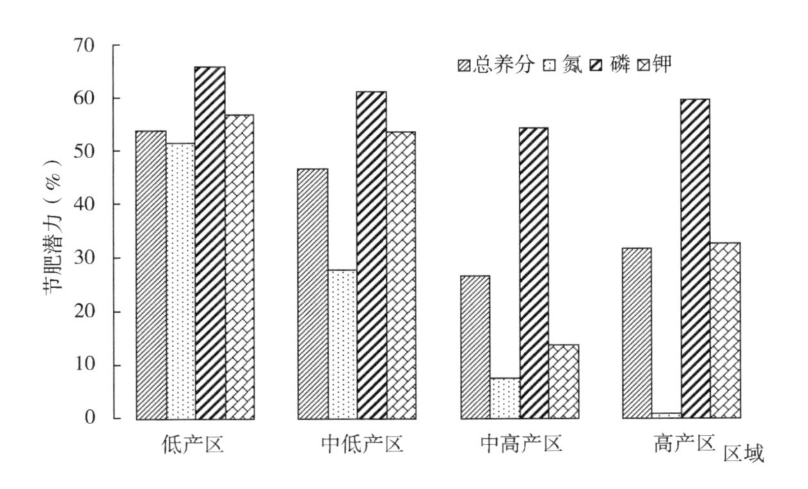

图 20　水稻各产区节肥潜力

综上所述，产量越低的区域水稻节肥量和节肥潜力越大；3 种养分中，磷肥的节肥潜力最大。

第四部分

技术评价与优化建议

一、节水、节肥技术评价

运用优化度评价模型，建立了3个维度13个指标的节水评价体系，建立了3个维度11个指标的节肥评价体系；根据研究区域各县的地下水位、年均降水量确定了限水区、井灌区、沿淮区3个用水模式区域，对限水区的“测墒补灌技术”、井灌区的“免耕精密播种集成技术”、沿淮区的“播期、密度和施氮量互作调控技术”开展评价。

（一）技术模式简介

1. 限水区：小麦“测墒补灌技术”

测墒补灌技术即在补灌前预先测定一定深度土壤含水量，根据土壤水的亏缺程度，利用灌水定额公式计算补灌需水量。小麦“测墒补灌技术”针对小麦生产的环境条件，充分考虑自然降水和土壤储水状况、小麦生育期需水特性，采用测墒补灌策略实施小麦关键生育期水分管理，充分利用土壤储水和自然降水，达到小麦高产和水分利用效率的目标[60]。

2. 井灌区：玉米“免耕精密播种集成技术”

玉米“免耕精密播种集成技术”是黄淮流域具有一定发展前景的栽培方式。免耕精密播种集成技术将精密播种、播种后镇压、麦秸平茬覆盖和施用种肥四项措施融合为一体，以达到高产高效的目的。种子质量、农艺措施、土壤调控等单项技术或单项技术叠加集成均对免耕播种玉米的生理生态及产量有不同程度影响[61]。

3. 沿淮区：小麦“播期、密度和施氮量互作调控技术”

小麦“播期、密度和施氮量互作调控技术”设计了播期、密度、施氮量三因素组合，探讨不同因子的互补特征，通过模型的建立和优化，明确不同条件下氮肥表观利用率的特征和减氮条件下播期与密度的补偿效应[62,63]。

（二）评价指标体系的构建

运用优化度评价模型，构建评价指标体系，从经济效益、社会效益等方面对研究区域采用的节水、节肥技术进行评价（图 21）。

1. 评价指标体系逻辑关系架构

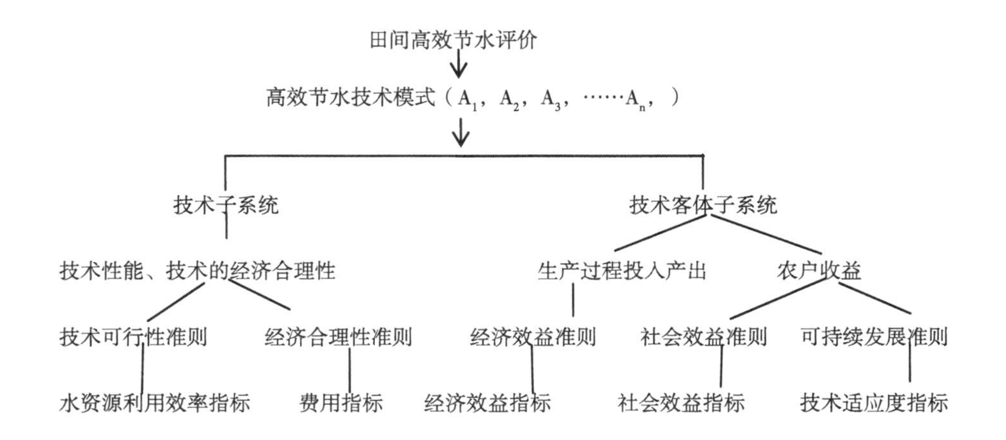

图 21　评价指标体系逻辑关系

2. 构建评价指标体系

从技术可行性、经济效益、社会效益和可持续性 4 个方面构建节水、节肥技术评价体系，如表 29、表 30 所示。

表 29　节水技术效用评价指标

准则层	指标类别	指标名称	指标解释
技术特征	水资源利用	田间水利用率	水资源利用率
		作物水分生产率	水资源产出率
		单位产品耗水量	作物生育期用水量与产量比值
经济效益	单位产值成本投入	单位面积产值	单位面积毛收益
		单位面积水资源成本	单位面积灌溉费用
		单位面积人工成本	单位面积人工费用
		单位面积能源成本	单位面积电能、机械能的费用
		单位面积节水产生的收益	节约的水资源费用
		单位面积节水产出效益系数	节水利润率与常规生产（CK）利润率比值
	土地效益	单位面积净收益率	单位面积投入与产出的比值
		单位面积收益增量	净收益增加值
	水资源效益	单位水净收益率	单位水投入费用与收益比值
社会效益	水资源节约	节水比率	水资源节约量与原始水资源使用量比值
	技术推广率	新技术使用比率	采用新技术面积与区域面积比值
可持续性	劳动力投入	单位面积劳动力投入时间	单位面积作物生育期劳动力投入时间
	农户满意度	小农户满意度	对技术持肯定态度的小农户数量/区域小农户数量
		农业经营主体满意度	对技术持肯定态度的农业经营主体数量/区域农业经营主体数量

表 30　节肥技术效用评价指标

准则层	指标类型	指标名称	指标解释
技术特征	化肥使用强度	单位面积化肥 N 用量	单位面积作物生育期氮肥折纯使用量
		单位面积化肥 P_2O_5用量	单位面积作物生育期磷肥折纯使用量
		单位面积 K_2O 用量	单位面积作物生育期钾肥折纯使用量
	技术简易性、适宜性和稳定性	单位面积劳动力投入时间	单位面积作物生育期劳动力投入时间
		单位肥料投入产量	化肥折纯投入量与产量比值
	单位面积产量	单位种植面积产量	单位种植面积产量
	增产效率	单位施 N 量所增加的产量	增加产量与氮肥折纯使用量比值
		单位施 P_2O_5量增加的产量	增加产量与磷肥折纯使用量比值
		单位施 K_2O 量增加的产量	增加产量与钾肥折纯使用量比值
	稳产条件下有机肥无机肥替代率	有机肥 N 与无机肥 N 配施比例	作物生育期有机氮肥折纯使用量与无机氮肥折纯使用量比值
		有机肥 P_2O_5与无机肥 P_2O_5配施比例	作物生育期有机磷肥折纯使用量与无机磷肥折纯使用量比值
		有机肥 K_2O 与无机肥 K_2O 配施比例	作物生育期有机钾肥折纯使用量与无机钾肥折纯使用量比值
	施肥方式	面施	肥料施于土壤表层
		深施	以开沟或表层土翻的方式施肥
	土壤地力	全氮	每 kg 土壤氮含量
		铵态氮	每 kg 土壤铵态氮含量
		速效磷	每 kg 土壤速效磷含量
		速效钾	每 kg 土壤速效钾含量
		有机质	每 kg 土壤有机质含量
经济效益	单位产值成本投入	单位面积产值	单位面积毛收益
		单位面积肥料成本	单位面积肥料费用
		单位面积人工投入成本	单位面积人工费用
		单位面积种子成本	单位面积种子费用
		单位面积机械成本	单位面积机械费用
		单位面积其余成本	单位面积其他费用
	单位面积收益增加量	相对传统技术净增收益	采用新技术后净收益增加量
		技术应用的补贴支持量	对新技术的补贴量
		节省化肥产生的收益	采用新技术降低的化肥成本
		技术应用费用	采用新技术产生的额外成本

（续表）

准则层	指标类型	指标名称	指标解释
社会效益	技术推广率	新技术使用比率	采用新技术面积与区域面积比值
	农户对技术的接受比例	接受技术培训的农户数量占全区农户比例（培训率）	接受新技术培训的农户数量/全区农户数量
	规模经营户采纳率	采纳新技术的规模经营户数量占全区规模户经营户比例	采纳新技术的规模经营户数量/全区规模经营户数量
	农户对减施概念的转变程度	农户减施意识提高率	化肥减量观念转变的农户数量/全区农户数量
	当地政府支持	是否被当地政府纳入文件、主推项目	是否被当地政府纳入文件、主推项目
		发布技术使用手册数量	发布技术使用手册数量
		媒体报道次数	媒体报道次数
环境效益	单位面积源头 N 减量	技术采纳前后单位面积 N 投入差值	技术采纳前化肥折纯 N 投入量与采纳后化肥折纯 N 投入量之差
	单位面积源头 P_2O_5 减量	技术采纳前后单位面积 P_2O_5 投入差值	技术采纳前化肥折纯 P_2O_5 投入量与采纳后化肥折纯 P_2O_5 投入量之差

（三）技术模式适应性评价

1. 评价指标的确定

通过对节肥、节水技术运行中影响因素的分析，确定了经济与适应性评价指标体系。按照指标属性将其分为四大类：社会经济影响因素、经济投入产出因素、技术因素和资源环境因素。根据每类因素的特性，可细分为若干子类指标。表 31、表 32 为节水、节肥技术模式综合评价指标体系层次结构，第一层为目标层 A，第二层为大类指标层 B，第三层为子类指标层 C。共 13 个指标，其中定量指标 8 个，定性指标 5 个。

表 31　节水模式评价指标体系

目标层 A	大类指标层 B	子类指标层 C
节水技术模式评价	投入产出因素 B_1	投资减量 C_{11}
		纯收入增量 C_{12}
	社会经济影响因素 B_2	增产率 C_{21}
		水分利用效率增长率 C_{22}
		农民欢迎程度（技术简易程度）C_{23}
		技术服务程度 C_{24}
		灌溉条件影响程度 C_{25}
		省工率 C_{26}
		技术辐射程度 C_{27}
	资源环境效果因素 B_3	节水率 C_{31}
		耗电费用减少率 C_{32}
		土壤水环境改善程度 C_{33}

表 32　节肥模式评价指标体系

目标层 A	大类指标层 B	子类指标层 C
节肥技术模式评价	投入产出因素 B_1	投资减量 C_{11}
		纯收入增量 C_{12}
	社会经济影响因素 B_2	增产率 C_{21}
		化肥利用效率增长率 C_{22}
		农民欢迎程度（技术简易程度）C_{23}
		技术服务程度 C_{24}
		生产条件影响程度 C_{25}
		省工率 C_{26}
		技术辐射程度 C_{27}
	资源环境效果因素 B_3	节肥率 C_{31}
		土壤水环境改善程度 C_{32}

2. 评价理论和模型[64,65]

（1）评价理论

设系统有 n 个方案满足约束集，形成代选方案集：

$D=\{d_1, d_2, \cdots, d_n\}$　　$i=1, 2, \cdots, n$；n 为决策总数　（1）

设优选系统有 m 个综合评价指标组成对方案集 D 的评价指标集 Z：

$$Z=\{z_1, z_2, \cdots, z_m\} \tag{2}$$

式中：m 为评价指标总数，其中包括 m_a 个定量指标，m_b 个定性指标，m_a 个定量指标又包括 m_1 个越大越优指标和 m_2 个越小越优指标。

m 个指标对 n 个方案的评价可用指标特征矩阵或标度矩阵表示。

$$x=\begin{pmatrix} x_{11} & \cdots & x_{1x} \\ \vdots & & \vdots \\ x_{m1} & \cdots & x_{mn} \end{pmatrix}=(x_{ij})_{m\times n} \tag{3}$$

式中 x_{ij} 为第 j 个方案的第 i 个评价指标的特征量或标度，（$i=1, 2, \cdots, m$；$j=1, 2, \cdots, n$）。

（2）定量指标特征值和相对隶属度的确定

定量指标特征值可以通过实测和计算确定。定量指标分别采用（4），（5）公式进行计算，形成总体定量目标相对隶属度矩阵（6）：

$${}_1rij=\frac{{}_1x_{ij}}{{}_1x_{i\max}},\ i=1, 2, \cdots, m_1;\ j=1, 2\cdots, n \tag{4}$$

对于越小越优的指标，采用公式（5）计算：

$${}_2rij=\frac{{}_2x_{i\min}}{{}_2x_{ij}},\ i=1, 2, \cdots, m_2;\ j=1, 2\cdots, n,\ {}_2x_{i\min}\neq 0 \tag{5}$$

式中 r_{ij} 方案 j 指标 i 的相对隶属度

$$
{}_aR = \begin{pmatrix} {}_ar_{11} & \cdots & {}_ar_{1n} \\ \vdots & & \vdots \\ {}_ar_{m_a1} & \cdots & {}_ar_{m_an} \end{pmatrix} = ({}_ar_{ij})
$$

$$
i=1,\ 2,\ \cdots,\ m_a;\ m_a=m_1+m_2;\ j=1,\ 2,\ \cdots,\ n \tag{6}
$$

（3）定性指标标度和相对隶属度的确定

定性指标难以通过实测、调查或设计确定其数值，需进行量化。改进的二元相对比较法适用于半结构性、多目标多层次的大型系统综合评价，鉴于农业水肥相关评价指标的复杂性，在此选用改进的二元相对比较法。

首先进行研究方案集 D 关于定性指标 i 优越性的二元对比定性排序。方案集中的方案${}_id_k$与${}_id_l$就指标 i 作二元对比，规定优越性的定性排序标度${}_ie_{kl}$在 0，0.5，1 中取值。若

${}_id_k$比${}_id_l$优越，令${}_ie_{kl}=1$，${}_ie_{lk}=0$；

${}_id_k$比${}_id_l$同样优越，令${}_ie_{kl}={}_ie_{lk}=0.5$；

${}_id_k$无${}_id_l$优越，令${}_ie_{kl}=0$，${}_ie_{lk}=1$。

基于以上规则，建立方案集关于指标 i 的二元对比优越性排序一致性标度矩阵（7）。

$$
{}_iE = \begin{pmatrix} {}_ie_{11} & \cdots & {}_ie_{1n} \\ \vdots & \vdots & \vdots \\ {}_ie_{n1} & \cdots & {}_ie_{nn} \end{pmatrix} \tag{7}
$$

矩阵${}_i$E 为排序一致性标度矩阵的必要条件为①②③：

① ${}_ie_{hk}>{}_ie_{hl}$，则${}_ie_{kl}=0$；

② ${}_ie_{hk}<{}_ie_{hl}$，则${}_ie_{kl}=1$；

③ ${}_ie_{hk}={}_ie_{hl}=0.5$，则${}_ie_{kl}={}_ie_{lk}=0.5$。

式中：$h=1,\ 2,\ \cdots,\ n$。

优越性排序为 1，2，…，n 的方案分别与排序在其后面的方案

逐一进行比较，排序一致性标度矩阵数值由大到小的排列，即可得出方案集对于优越性的排序。比较结果按语气算子（表33）与模糊标度关系赋值。关于指标 i，若方案 j 优于 k，则 ${}_i\mu_{jk} > 0.5$，${}_i\mu_{kj} < 0.5$；若方案 j 无可比拟的优于 k，则 ${}_i\mu_{jk} = 1$，${}_i\mu_{kj} = 0$；若方案 j 与方案 k 同样优越，则 ${}_i\mu_{jk} = {}_i\mu_{kj} = 0.5$。根据获得的方案集关于指标 i 的优越性排序作二元比较，得到方案集关于指标 i 优越性的有序二元比较矩阵（8）。

矩阵中对角线元素值均为0.5，上三角中的元素值从对角线元素值0.5开始，每行元素值自左向右递增，每列元素值自上向下递减；下三角元素值可通过上三角中的值的互补性关系求得。

表33　语气算子及相对应的模糊标度值

语气算子	同样	稍稍	略为	较为	明显	显著	十分	非常	极其	极端	无可比拟
模糊标度	0.50	0.55	0.60	0.65	0.70	0.75	0.80	0.85	0.90	0.95	1.00

$$
{}_i\mu = \begin{pmatrix} {}_i\mu_{11} & \cdots & {}_i\mu_{1n} \\ \vdots & \vdots & \vdots \\ {}_i\mu_{n1} & \cdots & {}_i\mu_{nn} \end{pmatrix} \tag{8}
$$

矩阵需满足条件④⑤⑥：

④ $0 \leqslant {}_i\mu_{jk} \leqslant 1$；

⑤ ${}_i\mu_{jk} + {}_i\mu_{kj} = 1$；

⑥ ${}_i\mu_{jk} = 0.5$，$j = k$。

式中：${}_i\mu_{jk}$—关于指标 i，方案 j 对 k 就优越性作二元比较时，方案 j 对 k 的优越性模糊标度；

${}_i\mu_{kj}$—关于指标 i，方案 k 对 j 就优越性作二元比较时，方案 k 对 j 的优越性模糊标度；

j，k—排序下标

2 个方案之间对某一定性指标关于“优”的比较是相对的：

$$f\left(\frac{d_j}{d_k}\right)=\frac{{}_id_{jk}}{{}_id_{kj}} \qquad f\left(\frac{d_k}{d_j}\right)=\frac{{}_id_{kj}}{{}_id_{jk}}$$

若

$$f\left(\frac{d_j}{d_k}\right)=\begin{cases}1 & {}_i\mu_{kj}\leqslant{}_i\mu_{jk}\\ \dfrac{{}_i\mu_{jk}}{{}_i\mu_{kj}} & {}_i\mu_{kj}>{}_i\mu_{jk}\end{cases} \tag{9}$$

$$f\left(\frac{d_k}{d_j}\right)=\begin{cases}1 & {}_i\mu_{jk}\leqslant{}_i\mu_{kj}\\ \dfrac{{}_i\mu_{kj}}{{}_i\mu_{jk}} & {}_i\mu_{jk}>{}_i\mu_{kj}\end{cases} \tag{10}$$

由式（9），式（10）和矩阵（8）可求得方案集关于指标 i 表示相对优越性的有序相及矩阵（11）：

$${}_iQ=\begin{pmatrix}1 & \dfrac{{}_i\mu_{12}}{{}_i\mu_{21}}\cdots & \dfrac{{}_i\mu_{1n}}{{}_i\mu_{n1}}\\ \dfrac{{}_i\mu_{21}}{{}_i\mu_{12}} & 1\cdots & \dfrac{{}_i\mu_{2n}}{{}_i\mu_{n2}}\\ \vdots & \vdots & \vdots\\ \dfrac{{}_i\mu_{n1}}{{}_i\mu_{1n}} & \dfrac{{}_i\mu_{n2}}{{}_i\mu_{2n}}\cdots & 1\end{pmatrix} \tag{11}$$

矩阵 ${}_iQ$ 的特征为，对角线及上三角中的元素值均为 1，下三角中的元素值自对角线元素值 1 开始，每行元素值自右向左递减。有序相及矩阵每一行元素最小值即第一列元素值为方案集关于指标 i 对优的相对隶属度。

$$r_i = \left(1,\ \frac{{}_i\mu_{21}}{{}_i\mu_{12}},\ \cdots,\ \frac{{}_i\mu_{n1}}{{}_i\mu_{1n}}\right) = \left(1,\ \frac{1-{}_i\mu_{12}}{{}_i\mu_{12}},\ \cdots,\ \frac{1-{}_i\mu_{1n}}{{}_i\mu_{1n}}\right) \tag{12}$$

模糊标度值$\mu \geqslant 0.5$的值，经公式（12）计算后均转变为$r_{1j}=1$的值，而$\mu<0.5$的值，经式（12）中$r_{j1}=\frac{{}_i\mu_{j1}}{{}_i\mu_{1j}}=\frac{1-{}_i\mu_{1j}}{{}_i\mu_{1j}}$进行换算，转变为区间［0，1］的数值（$r_{1j}$为排序第一方案与第j方案对比关于定性指标对于优的相对隶属度）。

计算后可得定性指标相对隶属度矩阵（13）。由于系统中有m_b个定性指标，则可得n个方案m_b个目标的相对隶属度矩阵。

$${}_bR=\begin{pmatrix} {}_br_{11} & \cdots & {}_br_{1n} \\ \vdots & \vdots & \vdots \\ {}_br_{m_b1} & \cdots & {}_br_{m_bn} \end{pmatrix} \tag{13}$$

（4）定量与定性指标权重确定理论与方法

指标权重反映指标的重要性，对综合评价结果具有重要影响。本研究将主观赋权法和客观赋权法结合，综合确定指标权重。主观赋权法根据评价者的经验和认识等主观看法确定权重，客观赋权法根据各指标的联系程度或各指标所提供的信息数量确定指标的权重。

客观权重

本研究采用熵值法确定客观权重。熵与信息是系统存在状态和运动规律的表征，熵是系统结构不确定性或系统状态无序性的度量，信息则相反，二者之和为常量，恒等于系统的最大熵。系统可能处于几种不同状态，每种状态出现的频率为p_i（1，2，…，n）时，该系统的熵定义为：

$$H=-\sum_{i=1}^{n} p_i \ln p_i \tag{14}$$

显然，当$p_i=\frac{1}{n}$，即概率相等时，熵取得最大值为

$$H_{\max} = \ln n \tag{15}$$

对于规模和复杂性一定的系统，$H_{\max}$是定值，系统的信息为

$$V = H_{\max} - H \tag{16}$$

上式说明，一个系统拥有的信息与其熵互为消长。

熵与信息可以表示为相对值形式：

$$h = \frac{H}{H_{\max}} \tag{17}$$

$$v = \frac{V}{H_{\max}} = 1 - \frac{H}{H_{\max}} = 1 - h \tag{18}$$

对于节水灌溉模式而言，评价指标 i 的熵值为：

$$H_i = -\sum_{j=1}^{n} p_{ij}\ln p_{ij} \qquad (i=1, 2, \cdots, m) \tag{19}$$

其中，$p_{ij} = \dfrac{r_{ij}}{\sum_{j=1}^{n} r_{ij}}$

评价指标 i 的信息相对值为

$$v_i = 1 - \frac{H}{H_{\max}} = 1 - \frac{-\sum_{j=1}^{n} p_{ij}\ln p_{ij}}{\ln n} \tag{20}$$

式中：v_i –评价指标 i 的信息值；H –评价指标 i 的熵值；$H_{\max}$ –最大熵值；p_{ij} –某种状态出现的频率（$i=1, 2, \cdots, n$）

由上可见，某指标的熵越小，在综合评价中所起的作用越大，则该指标权重也应越大；反之，某指标的熵越大，则该指标权重越小。所以，可以根据各个指标的变异程度，利用熵—信息理论，计算各指标权重，为多准则综合评价提供依据。

在一组评价指标中，将 v_i 归一化，即得指标的客观权重为：

$$\theta = (\theta_1, \theta_2, \cdots \theta_t) = \left(\frac{v_1}{\sum_{i=1}^{t} v_i}, \frac{v_2}{\sum_{i=1}^{t} v_i}, \cdots \frac{v_t}{\sum_{i=1}^{t} v_i}\right) \tag{21}$$

（$i=1, 2, \cdots, t$；t 为每组指标数量）。

——主观权重

评价指标主观权重采用指标对比分析法。在每一类指标中就指标之间的“重要性”进行二元对比，与方案的“优越性”无关。在一组评价指标间分别建立指标集关于重要性的排序一致性标度矩阵、有序二元比较矩阵和有序相及矩阵，最后得到类似于式（22）的结果：

$$\lambda = (\lambda_1, \lambda_2 \cdots \lambda_t) = (1, \frac{\beta_{21}}{\beta_{12}}, \cdots, \frac{\beta_{t1}}{\beta_{1t}}) = (1, \frac{1-\beta_{12}}{\beta_{12}}, \cdots, \frac{1-\beta_{1t}}{\beta_{1t}}) \tag{22}$$

式中：λ –指标关于重要性的的相对隶属度；β –关于重要性的模糊标度值。

对上式归一化，即得到一组评价指标的主观权重

$$\xi = (\xi_1, \xi_2, \cdots \xi_t) = (\frac{\lambda_1}{\sum_{i=1}^{t} \lambda_i}, \frac{\lambda_2}{\sum_{i=1}^{t} \lambda_i}, \cdots, \frac{\lambda_t}{\sum_{i=1}^{t} \lambda_i}) \tag{23}$$

——综合权重

按下式计算

$$\eta_i = \frac{\theta_i \xi_i}{\sum_{i=1}^{t} \theta_i \xi_i} \tag{24}$$

作归一化处理，得到一组评价指标的综合权重

$$\omega = (\omega_1, \omega_2, \cdots, \omega_t) = (\frac{\eta_1}{\sum_{i=1}^{t} \eta_i}, \frac{\eta_2}{\sum_{i=1}^{t} \eta_i}, \cdots, \frac{\eta_t}{\sum_{i=1}^{t} \eta_i}) \tag{25}$$

（5）系统模糊综合评价模型

对于多指标、多层次的大型系统给出以下定义：

系统优向量（最优原则下指标相对隶属度）

$$g=(g_1,\ g_2,\ \cdots,\ g_t)^T=(r_{11}\vee r_{12}\vee\cdots\vee r_{1n},\ r_{21}\vee r_{22}\vee\cdots\vee r_{2n},\ \cdots,\ r_{t1}\vee r_{t2}\vee\cdots\vee r_{tn})^T \tag{26}$$

系统劣向量（最劣原则下指标相对隶属度）

$$b=(b_1,\ b_2,\ \cdots,\ b_t)^T=(r_{11}\wedge r_{12}\wedge\cdots\wedge r_{1n},\ r_{21}\wedge r_{22}\wedge\cdots\wedge r_{2n},\ \cdots,\ r_{t1}\wedge r_{t2}\wedge\cdots\wedge r_{tn})^T \tag{27}$$

系统优属度（指系统方案集中方案 j 以隶属度 uj 从属于优向量）

$$u=(u_1,\ u_2,\ \cdots,\ u_n) \tag{28}$$

系统劣属度（指方案 j 以隶属度 u_j 的余数 u_j^c 从属于劣向量）

$u=(u_1{}^c,\ u_2{}^c,\ \cdots,\ u_n{}^c)$

系统距优距离与距劣距离

设一组评价指标的权向量为 $\omega=(\omega_1,\ \omega_2,\ \cdots,\ \omega_t)^T$，$\sum_{i=1}^{t}\omega_i=1$

设方案 j 用一组评价指标相对隶属度向量表示为 $r_j=(r_1,\ r_2,\ \cdots,\ r_t)^T$ 则系统方案集中的方案 j 的距优距离与距劣距离分别表示为

$$d_{jg}=\sqrt[q]{\sum_{i=1}^{t}\left[\omega_i(g_i-r_{ij})\right]^q} \tag{29}$$

$$d_{jb}=\sqrt[q]{\sum_{i=1}^{t}\left[\omega_i(r_{ij}-b_i)\right]^q} \tag{30}$$

式中 q-距离参数；$q=1$ 海明距离，$q=2$ 欧氏距离。

加权距优距离与加权距劣距离

为完整表达方案 j 与系统优向量和劣向量的距离，d_{jg} 和 d_{jb} 分别以 u_j 和 u_j^c 作为权重，则加权距优距离与加权距劣距离分别表示为

$$D_{jg}=u_jd_{jg} \tag{31}$$

$$D_{jb}=u_jd_{jb} \tag{32}$$

为求方案 j 相对隶属度 uj 的最优值，建立如下优化准则：方案 j

的加权距优距离与加权距劣距离平方之总和为最小，即系统目标函数为：

$$\min\left[F(u_j)=(D_{jg}{}^2+D_{jb}{}^2)=(u_jd_{jg})^2+(u_j^c d_{jb})^2\right] \tag{33}$$

注意到 $u_j^c=1-u_j$，令 $\frac{dF(u_j)}{du_j}=0$，并将式（29）、式（30）代入则得到

$$u_j=\frac{1}{1+\left[\frac{\sum_{i=1}^{t}(\omega_i|r_{ij}-g_i|)^q}{\sum_{i=1}^{t}(\omega_i|r_{ij}-b_i|)^q}\right]^{\frac{2}{q}}}\ (j=1,\ 2,\ \cdots,\ n) \tag{34}$$

（6）模型求解方法

在定量与定性指标混合的多指标、多层次、半结构性系统中，求解时从最低层（C 层）开始，对该层的各个单元系统分别应用模型（34）计算方案的相对优属度，把由最低层求得的方案相对优属度作为其上一层（B 层）单元系统或某个指标的输入值，即令 $u_{ij}=r_{ij}$，对上一层的各个单元系统仍用模型（34）求解。如此从低层向高层逐层计算，直至最高层-目标层（A 层）。由于目标层只有一个单元系统，则可得到目标层-方案集的相对优属度（35），而后进行适应性评价排序。

$$u=(u_1,\ u_2,\ \cdots,\ u_n) \tag{35}$$

（7）指标相对隶属度和权重确定

定量指标的计算

将主要技术模式与传统生产模式对照，基于田间试验数据和实地调查数据确定定量指标，如表 34、表 35、表 36 所示。

表 34　限水区小麦“测墒补灌技术”定量指标

序号	指标	CK	测墒补灌技术
1	投资减量（元/亩）	0	104.55
2	纯收入增量（元/亩）	0	209.10
3	省工率（%）	0	74.90
4	增产率（%）	0	1.70
5	水分利用效率增长率（%）	0	8.30
6	节水率（%）	0	6.20
7	节肥率（%）	0	12.40
8	耗电费用减少率（%）	0	33.30

表 35　井灌区玉米“免耕精密播种集成技术”定量指标

序号	指标	CK	免耕精密播种集成技术
1	投资减量（元/亩）	0	92.07
2	纯收入增量（元/亩）	0	102.40
3	省工率（%）	0	50.00
4	增产率（%）	0	11.60
5	节肥率（%）	0	50.47

表 36　沿淮区小麦“播期、密度和施氮量互作调控技术”定量指标

序号	指标	CK	播期、密度和施氮量互作调控技术
1	投资减量（元/亩）	0	74.00
2	纯收入增量（元/亩）	0	125.00
3	省工率（%）	0	78.00
4	增产率（%）	0	22.80
5	节肥率（%）	0	25.00

定量指标相对隶属度计算

根据式（4）至式（6），计算可得定量指标相对隶属度结果，如表 37、表 38、表 39 所示。

表37　限水区小麦"测墒补灌技术"定量指标相对隶属度

序号	指标	CK	测墒补灌技术
1	投资增量（元/亩）	0.000	1.000
2	纯收入增量（元/亩）	0.000	1.000
3	省工率（%）	0.000	1.000
4	增产率（%）	0.745	1.000
5	水分利用效率增长率（%）	0.000	0.735
6	节水率（%）	0.000	0.424
7	节肥率（%）	0.000	1.000
8	耗电费用减少率（%）	0.000	0.499

表38　井灌区玉米"免耕精密播种集成技术"定量指标相对隶属度

序号	指标	CK	免耕精密播种集成技术
1	投资减量（元/亩）	0.000	1.000
2	纯收入增量（元/亩）	0.000	0.817
3	省工率（%）	0.000	0.565
4	增产率（%）	0.000	0.861
5	节肥率（%）	0.000	1.000

表39　沿淮区小麦"播期、密度和施氮量互作调控技术"定量指标相对隶属度

序号	指标	CK	播期、密度和施氮量互作调控技术
1	投资减量（元/亩）	0.000	1.000
2	纯收入增量（元/亩）	0.000	0.889
3	省工率（%）	0.000	0.865
4	增产率（%）	0.000	0.869
5	节肥率（%）	0.000	1.000

定性指标相对隶属度计算

根据式（7）至式（13）分别计算得到各定性指标的相对隶属度，如表40、表41、表42所示。

表 40　限水区小麦“测墒补灌节水模式”定性指标相对隶属度

序号	指标	CK	测墒补灌技术
1	农民欢迎程度	0.818	1.000
2	技术服务程度	1.000	0.667
3	灌溉条件影响程度	0.818	0.667
4	技术辐射程度	1.000	0.818
5	对土壤水环境的改善程度	0.176	1.000

表 41　井灌区玉米“免耕精密播种集成技术”定性指标相对隶属度

序号	指标	CK	免耕精密播种集成技术
1	农民欢迎程度	0.681	1.000
2	技术服务程度	1.000	0.667
3	生产条件影响程度	0.678	0.457
4	技术辐射程度	1.000	0.789
5	对土壤水环境的改善程度	0.256	1.000

表 42　沿淮区小麦“播期、密度和施氮量互作调控技术”定性指标相对隶属度

序号	指标	CK	播期、密度和施氮量互作调控技术
1	农民欢迎程度	0.998	1.000
2	技术服务程度	1.000	0.555
3	生产条件影响程度	0.988	0.578
4	技术辐射程度	1.000	0.876
5	对土壤水环境的改善程度	0.015	1.000

指标权重的确定

根据式（14）至式（25），计算可得各层次定量与定性指标客观权重、主观权重及综合权重，如表 43、表 44、表 45 所示。

表43　限水区小麦测墒补灌技术指标权重

序号	指标	客观权重	主观权重	综合权重
1	投资减量 C_{11}	0.48	0.30	0.28
2	纯收入增量 C_{12}	0.52	0.70	0.72
3	增产率 C_{21}	0.33	0.29	0.47
4	水分利用效率增长率 C_{22}	0.32	0.13	0.19
5	农民欢迎程度（技术简易程度）C_{23}	0.61	0.65	0.75
6	技术服务程度 C_{24}	0.01	0.19	0.01
7	灌溉条件影响程度 C_{25}	0.03	0.19	0.03
8	省工率 C_{26}	0.31	0.19	0.30
9	技术辐射程度 C_{27}	0.002	0.09	0.001
10	节水率 C_{31}	0.26	0.19	0.20
11	节肥率 C_{32}	0.43	0.28	0.48
12	耗电费用减少率 C_{33}	0.26	0.28	0.29
13	土壤水环境改善程度 C_{34}	0.03	0.12	0.01
14	经济投入产出的影响 B_1	0.43	0.35	0.48
15	社会经济的影响 B_2	0.12	0.28	0.11
16	资源环境的影响 B_3	0.45	0.28	0.41

表44　井灌区玉米“免耕精密播种集成技术”指标权重

序号	指标	客观权重	主观权重	综合权重
1	投资减量 C_{11}	0.45	0.31	0.36
2	纯收入增量 C_{12}	0.55	0.69	0.64
3	增产率 C_{21}	0.34	0.29	0.38
4	化肥利用效率 C_{22}	0.13	0.09	0.11
5	农民欢迎程度（技术简易程度）C_{23}	0.54	0.52	0.57
6	技术服务程度 C_{24}	0.02	0.19	0.01
7	生产条件影响程度 C_{25}	0.03	0.08	0.03
8	省工率 C_{26}	0.32	0.19	0.30

（续表）

序号	指标	客观权重	主观权重	综合权重
9	技术辐射程度 C_{27}	0.01	0.01	0.00
10	节肥率 C_{32}	0.44	0.28	0.50
11	土壤水环境改善程度 C_{34}	0.03	0.12	0.01
12	经济投入产出的影响 B_1	0.56	0.46	0.49
13	社会经济的影响 B_2	0.13	0.27	0.22
14	资源环境的影响 B_3	0.31	0.28	0.29

表 45　沿淮区小麦“播期、密度和施氮量互作调控技术”指标权重

序号	指标	客观权重	主观权重	综合权重
1	投资减量 C_{11}	0.46	0.31	0.37
2	纯收入增量 C_{12}	0.50	0.65	0.62
3	增产率 C_{21}	0.34	0.31	0.37
4	化肥利用效率 C_{22}	0.16	0.11	0.12
5	农民欢迎程度（技术简易程度）C_{23}	0.52	0.53	0.56
6	技术服务程度 C_{24}	0.03	0.16	0.01
7	生产条件影响程度 C_{25}	0.04	0.10	0.05
8	省工率 C_{26}	0.37	0.16	0.31
9	技术辐射程度 C_{27}	0.01	0.01	0.00
10	节肥率 C_{32}	0.43	0.30	0.49
11	土壤水环境改善程度 C_{34}	0.03	0.14	0.01
12	经济投入产出的影响 B_1	0.60	0.42	0.47
13	社会经济的影响 B_2	0.11	0.25	0.21
14	资源环境的影响 B_3	0.36	0.30	0.31

（四）评价结论及讨论

根据求得的指标相对隶属度和指标权重，利用模糊综合评判模型式（35）计算得各方案相对优属度，如表46、表47和表48所示。

基于相对优属度越大方案越优原则，评价得出测墒补灌技术适合在山东省推广。该项技术的主要优点：增产率较高、纯收入高、省工、节肥、接受度高、可有效改善土壤水环境。

表46　小麦“测墒补灌技术”适应性模糊评价相对优属度

方案	CK	测墒补灌技术
优属度	0.209	0.928

评价得出“免耕精密播种集成技术”适合在河南省、江苏省北部和安徽省北部推广。该项技术的主要优点：增产率较高、省工、节肥、接受度高、可有效改善土壤环境。

表47　玉米“免耕精密播种集成技术”适应性模糊评价相对优属度

方案	CK	免耕精密播种集成技术
优属度	0.315	0.877

评价得出“播期、密度和施氮量相作调控技术”适合在沿淮区的江苏省和安徽省北部推广。该项技术的主要优点：增产率较高、纯收入高、节肥、可有效改善土壤环境。

表48　小麦“播期、密度和施氮量互作调控技术”适应性模糊评价相对优属度

方案	CK	播期、密度和施氮量互作调控技术
优属度	0.276	0.887

二、优化建议

(一) 黄淮流域小麦、玉米用水现状及推荐节水策略

黄淮流域小麦、玉米具有一定的节水潜力，且不同地区节水潜力差异性较大。本研究发现：①河南省自然资源禀赋深厚，小麦、玉米普遍高产；在保证小麦经济产量的前提下，节水潜力为6.90%~11.11%；在保证玉米经济产量的前提下，节水潜力为6.96%~12.24%。②安徽省和江苏省是小麦、玉米中低产区，在保证小麦经济产量的前提下，节水潜力为1.6%~25%；在保证玉米经济产量的前提下，节水潜力为14.34%~17.07%。

推荐节水策略：因地制宜选择节水技术，减少水分的深层渗漏和无效蒸发损失；鉴选推广抗旱丰产小麦、玉米品种，提高水资源利用率；推进工程节水，完善农田灌排基础设施，发展管道输水，提高输水效率，减少损失。

(二) 黄淮流域小麦、玉米、水稻施肥现状及推荐节肥策略

调查区域的小麦、玉米和水稻生产过程中，氮、磷、钾肥普遍存在使用过量的情况；农户对“以产定肥”理念的认知欠缺，不同

产量区域间农户实际用肥量差异较小，导致产量越低的区域，肥料过量投入相对越严重。

据此，各区域应结合当地作物的产量水平，制定合理的施肥方案。

小麦节肥推荐策略：①根据目标产量进行测土配方，适当调减氮、磷、钾肥的用量。②氮肥分次使用，并根据土壤肥力适当增加小麦生育中后期的使用比例，达到减量增效的目的。③肥料使用方案与高产优质栽培技术相结合。根据小麦品种、品质的差异，适当调整氮肥用量和基、追比例。中强筋小麦需适当增加氮肥用量和后期追施比例。④改良出现酸化、盐渍化的土壤，提高磷肥利用率。⑤通过秸秆还田提高土壤自身含钾量；增施有机肥，提高土壤保水保肥能力。

玉米节肥推荐策略：①控制氮肥用量，适当降低基肥比例，增加中后期追肥量。②磷肥分层使用，以提高磷肥利用率，降低磷肥总用量。③根据土壤钾素状况，合理使用钾肥。④与高产优质栽培技术相结合，实施化肥深施。

水稻节肥推荐策略：①控制氮、磷肥用量，适当减少钾肥用量。②通过秸秆还田、施用有机肥等方式增加有机养分投入。③推广机插秧同步侧深施肥技术。

第五部分

分布式种质资源管理系统的建立

本研究收集整理了大量优质节水节肥种质资源。种质资源是作物育种及遗传学研究重要的材料，直接影响作物种植制度、分布范围、产量和品质，对现代农业的可持续发展意义重大。种质资源信息类型多样、数据量巨大，对作物品种、抗性、品质等信息的管理提出了更高要求。以小麦、玉米、水稻等主粮为对象，建立了种质资源管理系统，实现了数据添加、删除、修改、存储、导入、导出、可视化等功能，为用户提供了一个高效的信息管理与共享平台，促进种质资源的高效利用。

一、需求分析

（一）功能需求

（1）实现数据导入、添加、查询、修改、删除、导出、可视化等功能。

（2）系统界面采用模块化的形式，各功能区数据分类管理，保证交互界面的一致性。

（3）支持查询结果以表格、图表的形式展现，允许用户在查询结果列表中自由选择数据，生成柱状图、折线图等图表。

（4）系统具有完善的用户权限管理和系统管理功能，系统管理员拥有最高权限，各级用户仅允许在相应权限下访问系统资源。

（5）系统具有较高的兼容性、可扩展性，便于日常维护和新功能的拓展。

（二）其他约束条件

系统采用 C#语言，Microsoft. NET Framework 4. 0 进行开发，数据库采用 SQL Server 2008。

系统采用 B/S 架构，服务器端采用 Windows Server 2012 及以上操作系统，浏览器端采用 Windows7 及以上操作系统。

CPU 采用 Intel 双核 2. 0GHz 或以上，硬盘容量 500G 或以上，内存容量 16G 或以上。

系统满足 7×24 小时的不间断运行，运行稳定、高效。

二、系统设计

（一）系统设计的原则

1. 针对性

系统以小麦、玉米、水稻等优质节水节肥作物为对象，具有较强的针对性。

2. 可扩展性

随着国家对种业投入的加大，种质资源信息更新速度加快，系统设计时充分考虑可扩展性，在不大量增加代码量的情况下实现新功能和新数据类型的扩充。

3. 安全性

种质资源信息是宝贵的数据资产，要求系统具有较强的容错和应急响应能力，具有即时数据备份和数据恢复功能，最大程度保证数据安全。

4. 规范性

系统开发遵循软件开发的一般流程，即需求分析、系统设计、数据库设计、系统实现、系统测试、系统试运行和正式运行；数据整理过程中遵循种质资源的分类编码标准，保证数据的规范性[66]。

（二）系统架构

系统采用四层架构设计，从底层至顶层分别为基础层、数据层、应用层和用户层。基础层提供软硬件支持；数据层部署种质资源数据库和系统管理数据库，提供数据存储、数据库资源分配等功能；应用层提供各类服务，包括数据管理、系统管理等；表示层是系统与用户的交互部分，提供指令下达与反馈服务。四层架构设计具有较强的可读性和高复用度，使系统结构清晰，可扩展性强。系统架构如图 22 所示。

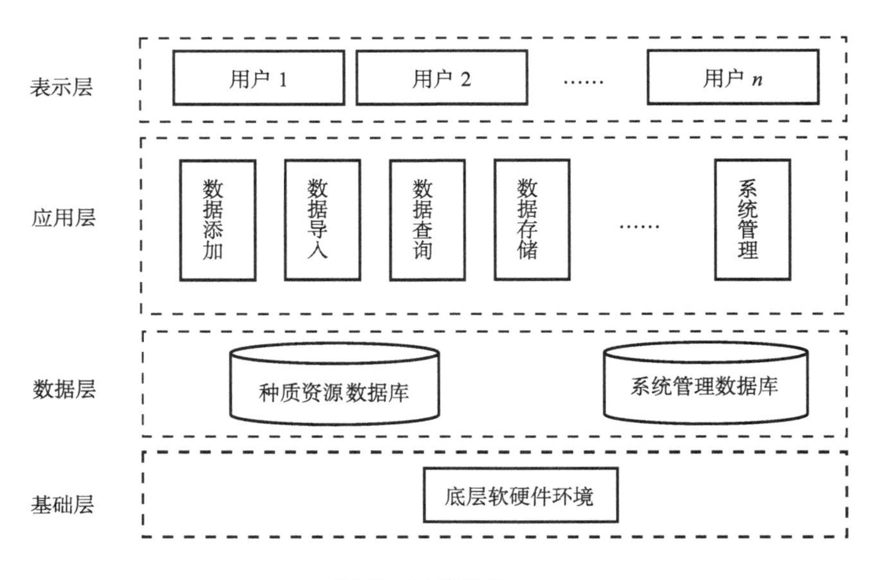

图 22　系统架构

（三）功能模块设计

1. 系统登录模块

用户登录时需填写用户名、密码和验证码，防止非授权登录。登录成功后进入主界面，若登录不成功，则反馈错误信息。

2. 数据管理模块

实现数据添加、删除、查询、修改、导入、导出等功能，支持用户自定义导入数据模板，支持 3 种作物的分类管理。查询功能涵盖基本信息、父/母本、表型特征、抗性、品质特性、产量等数据。

3. 数据可视化

各模块均支持以数据表格和图表的形式展现查询和分析结果。

4. 系统管理模块

系统管理员为各类用户赋予相应权限，包括用户管理、角色管理、账号管理等，具有系统维护、日志管理、数据备份与恢复等功能。

三、数据库设计

构建了种质资源数据库和系统管理数据库，其中种质资源数据库存储了小麦、玉米、水稻的表型、抗性、品质、抗性等信息。种质资源数据库结构如图 23 所示。

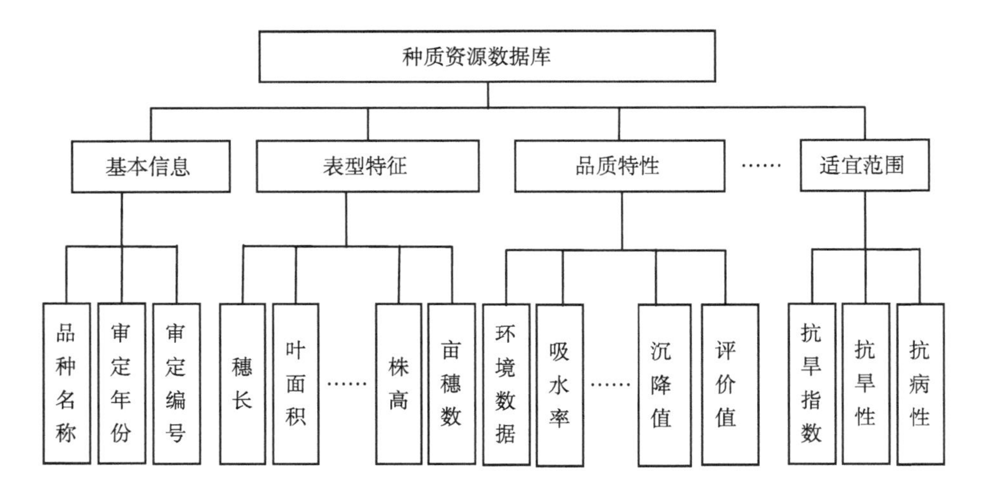

图 23　种质资源数据库结构

（一）种质资源数据表设计

为便于数据的查询、存储和管理，根据实体类型将种质资源数据分为若干类，以玉米为例。

1. 基本信息

主要包括品种名称、育种单位、审定年份、审定编号等信息。

2. 亲本组合

主要包括种质资源的父本、母本等信息。

3. 表型特征

主要包括叶鞘颜色、亩穗数、穗位高、雄穗形态、行粒数、花粉量、株高、苞叶形态、籽粒颜色等信息。

4. 品质特征

主要包括容重、粗蛋白质含量、粗淀粉含量、粗脂肪含量、赖氨酸含量等信息。

5. 产量表现

主要包括平均单产、对比品种名称、区域试验情况、增减产情况等信息。

6. 抗性

主要包括抗倒伏性、抗逆性、抗病性等信息。

7. 技术要点

主要包括适宜播种期、播种量、留苗量、水肥使用量、父母本比例、农艺措施等。

玉米的表型特征数据表和品质特征数据表的部分字段见表 49 和

表 50。

表 49　玉米的部分表型特征数据

序号	字段名称	字段类型	是否允许为空
1	ID	int	Not null
2	叶鞘颜色	txt	Not null
3	亩穗数	varchar	Not null
4	穗位高	varchar	Not null
5	雄穗形态	txt	Not null
6	行粒数	float	Not null
7	花粉量	varchar	Not null
8	株高	varchar	Not null
9	苞叶形态	txt	Not null
10	籽粒颜色	txt	Not null

表 50　玉米的部分品质特征数据

序号	字段名称	字段类型	是否允许为空
1	ID	int	Notnull
2	容重	varchar	Not null
3	粗蛋白质含量	float	Not null
4	粗淀粉含量	float	Not null
5	粗脂肪含量	float	Not null
6	赖氨酸含量	float	Not null

（二）用户数据表设计

用户数据表设立一般用户、种质研究团队成员和系统管理员等 3 个用户角色，赋予用户 ID、姓名、性别、用户类型等属性。用户 ID 具有唯一性，每个 ID 仅允许拥有一个角色，管理员根据用户角色分配访问权限。用户数据表的部分字段如表51所示。

表51　部分用户数据

序号	字段名称	字段类型	是否允许为空
1	ID	int	Not null
2	角色	txt	Not null
3	姓名	txt	Not null
4	性别	txt	Not null
5	工作单位	txt	Not null
6	工作电话	float	Not null
7	手机	float	Not null
8	邮箱	float	null

四、系统实现

（一）系统登录

通过输入用户名和密码登录系统，系统登录界面如图 24 所示。

图 24　系统登录界面

（二）种质资源数据管理

1. 数据查询

用户输入关键字进行查询。对于数值型关键字，支持输入数值区间查询，结果以数据表的形式展现。支持多条件查询，提高检索效率。

2. 数据可视化

允许用户自由选择查询结果中的数据，生成柱状图、折线图等图表。数据查询结果和可视化结果如图 25、图 26 所示。

品种名称	育种单位	审定年份	审定编号	审定级别	父本	母本	抗旱指数	抗倒伏
衡杂102	河北省农林科学院旱作农业研究所	2015007	冀审麦2015007号	国家级	石1515	衡5	1.323	较强
中信麦9号	河北众信种业科技有限公司	2015006	冀审麦2015006号	国家级	D703	邯4589	1.22	较强
捷麦19	沧州临港经济技术开发区农科所	2015009	冀审麦2015009号	国家级	冀麦32优良变异株	-	1.208	强
衡6632	河北省农林科学院旱作农业研究所	2013009	冀审麦2013009号	国家级	黑小麦	衡8116	1.178	较强
沧麦12	沧州市农林科学院	2013008	冀审麦2013008号	国家级	沧96-277	品16	1.089	强
邢麦4号	河北省邢台市农业科学院	2007015	国审麦2007015	省级	科遗NC20	4564	1.026	-
石新633	石家庄市小麦新品种新技术研究所河北金博士种业有限公司	2013001	冀审麦2013001号	国家级	石新733	9731	1.3	强
农大399	中国农业大学农学与生物技术学院 河北金诚种业有限责任公司	2012004	冀审麦2012004号	国家级	[（Torino	河农2552）	0.959	强
山农22	山东农业大学	2011013	国审麦2011013	省级	Ta1（MS2）小麦轮选群体	-	1.028	一般
石麦19	石家庄市农林科学研究院、河北省小麦工程技术研究中心	2009018	国审麦2009018	省级	石4185	-	1.214	较强

图 25　数据查询结果

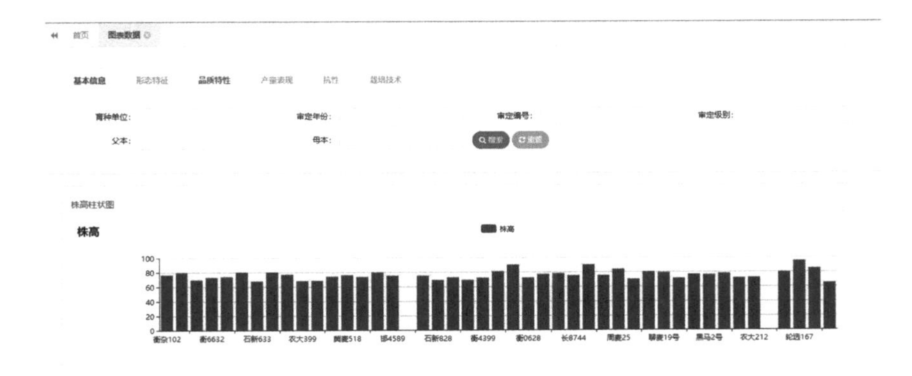

图 26　数据可视化结果

（三）系统管理

系统采用独立的后台管理界面，管理员可以对用户进行添加、修改、删除、禁用、赋予角色等操作；可以查看系统日志，进行数据备份、数据恢复等操作。

五、讨论

系统实现了小麦、玉米、水稻等优质节水节肥种质资源的添加、删除、修改、查询、导入、导出、数据可视化等功能，提供了一个数据管理和可视化的平台，有助于提高种质资源管理的信息化水平和管理效率，为节水节肥种质资源的筛选提供技术支撑。随着新品种培育速度的加快，系统需扩大数据容量，并引入机器学习算法，为用户提供更加智能的数据检索与分析功能。

附件一

调查问卷

调查问卷（一）

典型农作区“水—肥”二要素调查表（县农委）

一、个人基本情况

姓名：________联系电话：________单位：__________________
职务：________工作年限：________填写时间：________

二、地域位置（在选项中打√）

省份		行政区划	市　　县
经纬度		生态区	
地形	山区　丘陵　平原　其他________	土壤类型	沙质土　黏土　壤土 其他________

三、具体调研

1. 耕地面积：2016 年________亩，2017 年________亩，2018 年________亩。

2. 该地区的主要种植模式________。

3. 2016 年小麦种植面积________亩，玉米种植面积________亩，水稻种植面积________亩。

2017 年小麦种植面积________亩，玉米种植面积________亩，水稻种植面积________亩。

2018 年小麦种植面积________亩，玉米种植面积________亩，水稻种植面积________亩。

4. 该地区的主要粮食（小麦、玉米、水稻）种植制度：2016 年________，2017 年________，2018 年________。

5. 土壤类型：________________地力情况：________________。

6. 节水面积：

小麦 2016 年________亩，2017 年________亩，2018 年________亩。

玉米 2016 年________亩，2017 年________亩，2018 年________亩。

水稻 2016 年________亩，2017 年________亩，2018 年________亩。

四、全县农业生产所需资料

（1）农业资料：关于农业生产的统计年鉴或相关官方统计数据，包括土肥站、植保站等部门的统计资料。

（2）气象资料。

（3）农业经营主体：粮食规模经营主体与农户对待节水节肥的态度。

（4）经销商：（小麦、玉米、水稻）种子、化肥等主推商品的销售量，当前主推的新产品、新品种名称。

（5）政策资料：县域“十三五规划”（农业部分）；粮食绿色增产行动（具体实施方案、预期目标、成果应用等相关资料）；县域承担国家（省、市）级节水节肥项目情况（详细资料）。

调查问卷（二）

典型农作区“水—肥”二要素调查表
（新型农业经营主体）

（姓名：________联系电话：________填写时间：________）

问卷代码：　　　　　　　　　　　　调查对象编号：

一、地域位置

省份		生态区	
经纬度		行政区划	省　县　乡　村
地形	山区　丘陵　平原　其他________	土壤类型	沙质土　黏土　壤土　其他________

二、生活类

1. 年龄

○20~30 周岁　○31~40 周岁　○41~50 周岁　○51~60 周岁　○＞60 周岁

2. 性别

○男　○女

3. 类型

○家庭农场　○种粮大户　○合作社

4. 年收入水平

○暂时没有收入　○1 万元以下　○1 万 ~ 3 万元　○3 万 ~ 5 万元　○5 万 ~ 8 万元　○8 万 ~ 15 万元　○15 万 ~ 30 万元　○30 万元以上

5. 受教育程度

○文盲　○小学　○初中　○高中（中专/技校）　○大专　○本科及以上

三、生产类

1. 种植作物情况

○小麦　○玉米　○小麦—玉米　○水稻　○其他________

2. 耕作方式

○一年两熟　○两年三熟　○一年一熟　其他________

3. 种植方式

○裸地　○大棚　○地膜　○其他________

○单作　○间作　○套种　○其他________

4. 2016—2018 年种植作物品种及产量

年份	小麦		玉米		水稻	
	品　种	产量（斤*/亩）	品　种	产量（斤/亩）	品　种	产量（斤/亩）
2016						
2017						
2018						

* 1 斤 = 500g

5. 种子来源

○正规种子企业　○农业推广站体系　○科研机构相关单位

○自行购买　○其他________

6. 技术来源

○传统方式（经验）　○农技人员　○公司　○合作社

○其他________

7. 近3~5年来（2014—2018年）是否使用新技术　○是

○否

是否打算继续使用　○是　○否　原因________

8. 近3~5年来（2014—2018年）是否使用过新品种　○是

○否

是否打算继续使用　○是　○否　原因________

9. 是否参加过种植技术培训　○是　○否

培训效果如何　○好　○较好　○一般　○没有效果

10. 最近一次接受技术培训时间________

11. 培训内容

○节水技术　○施肥技术　○病虫害防治　○丰产技术　○其他________

12. 是否扩大种植作物的面积（数据表达）

○扩大面积________亩　○减少面积________亩

○维持不变

13. 机械化程度

序号	机播		机收		机耕	
	面积（亩）	比例（%）	面积（亩）	比例（%）	面积（亩）	比例（%）
1						
2						

（续表）

序号	机播		机收		机耕	
	面积（亩）	比例（%）	面积（亩）	比例（%）	面积（亩）	比例（%）
3						
4						

14. 灌溉方式

○大水漫灌 ○畦灌 ○喷灌 ○滴灌 ○其他________

四、经济类

1. 农产品产销

产量________斤，卖出________斤。

2. 自留农产品的去向

○使用 ○赠送或交换 ○其他________

3. 出售农产品情况

品种	时间	价格（元/斤）	数量（斤）
小麦			
玉米			
水稻			

4. 农产品销售渠道

○国家粮食定点机构 ○私人上门收购 ○其他方式________

5. 国家政策补贴总额________元

○粮食直补 ○综合直补 ○化肥 ○水利或节水 ○种子 ○农机 ○农药 ○其他物化

6. 投入量

品种	地块面积（亩）	水（方）	肥（斤）	药（斤）	农机	运输	劳动力（个/天）
小麦							
玉米							
水稻							

7. 成本效益情况

	地块面积（亩）	成本（元）								
		种子	化肥	农家肥	农药	农膜	机械	用工	排灌	其他
2016										
2017										
2018										

产出					
秸秆（斤）	价格（元/斤）	收入（元）	秸秆（斤）	价格（元/斤）	收入（元）

调查问卷（三）

典型农作区“水—肥”二要素调查表（农户）

（姓名：________联系电话：________填写时间：________）

问卷代码：　　　　　　　　　　　　调查对象编号：

一、地域位置

省份代号		生态区（型）代号	
经纬度		行政区划	省　　县　　乡　　村
地形	山区　丘陵　平原　其他________	土壤类型	沙质土　黏土　壤土　其他________

二、生活类

1. 年龄

○20～30周岁　○31～40周岁　○41～50周岁　○51～60周岁　○＞60周岁

2. 性别：

○男　○女

3. 职务

○农户　○村干部

4. 年收入水平

○暂时没有收入　○1 万元以下　○1 万～3 万元　○3 万～5 万元　○5 万～8 万元　○8 万～15 万元　○15 万～30 万元　○30 万元以上

5. 受教育程度

○文盲　○小学　○初中　○高中（中专/技校）　○大专　○本科及以上

6. 家庭状况

人口________人，劳动力________人，男________人，女________人，半劳动力________人。

三、生产类

1. 种植作物情况

○小麦　○玉米　○小麦-玉米　○水稻　○其他________

2. 耕作方式

○一年两熟　○两年三熟　○一年一熟　其他________

3. 种植方式

○裸地　○大棚　○地膜　○其他________

○单作　○间作　○套种　○其他________

4. 2016—2018 年种植作物品种及产量

年份（年）	小麦		玉米		水稻	
	品种	产量（斤/亩）	品种	产量（斤/亩）	品种	产量（斤/亩）
2016						

（续表）

年份（年）	小麦		玉米		水稻	
	品种	产量（斤/亩）	品种	产量（斤/亩）	品种	产量（斤/亩）
2017						
2018						

5. 种子来源

○正规种子企业　○农业推广站体系　○科研机构相关单位　○亲戚邻居

○自行购买　○其他________

6. 技术来源

○传统方式（经验）　○农技人员　○涉农公司　○合作社　○其他________

7. 近3~5年来（2014—2018年）是否使用过新技术　○是　○否

是否打算继续使用　○是　○否　原因________

8. 近3~5年来（2014—2018年）是否使用过新品种　○是　○否

是否打算继续使用　○是　○否　原因________

9. 是否参加过种植技术培训○是　○否

培训效果如何　○好　○较好　○一般　○没有效果

10. 最近一次接受技术培训时间________

11. 培训内容

○节水技术　○施肥技术　○病虫害防治　○丰产技术　○其他________

12. 是否扩大种植作物的面积

○扩大面积________　○减少面积________亩　○维持

不变

13. 将土地转让给规模经营主体的意愿

○愿意　○无所谓　　○不愿意　　○不确定

14. 机械化程度

序号	机播		机收		机耕	
	面积（亩）	比例（%）	面积（亩）	比例（%）	面积（亩）	比例（%）
1						
2						
3						

15. 灌溉方式

○大水漫灌　○畦灌　　○喷灌　○滴灌　○其他________

四、经济类

1. 农产品产销

产量________斤，卖出________斤。

2. 自留农产品的去向

○使用　○赠送或交换　○其他________

3. 出售农产品情况

品种	时间	价格（元/斤）	数量（斤）
小麦			
玉米			
水稻			

4. 农产品销售：

○国家粮食定点机构　　○私人上门收购　　○其他方

式________

5. 国家政策补贴总额________元

○粮食直补　○综合直补　○化肥　○水利或节水　○种子　○农机　○农药　○其他物化

6. 投入量

品种	地块面积（亩）	水（方）	肥（斤）	药（斤）	农机	运输	劳动力（个/天）
小麦							
玉米							
水稻							

7. 成本效益情况

	地块面积（亩）	成本（元）								
		种子	化肥	农家肥	农药	农膜	机械	用工	排灌	其他
2016										
2017										
2018										

产出					
秸秆（斤）	价格（元/斤）	收入（元）	秸秆（斤）	价格（元/斤）	收入（元）

调查问卷（四）

典型农作区“水—肥”二要素调查详表

（姓名：________联系电话：________填写时间：________）

表 1　机井情况调查表

序号	机井号	成井年份	出水量	静水位	埋深
1					
2					
3					
4					
5					

表 2　________年度作物灌溉情况调查表

序号	作物名称	灌溉时间（年/月）	灌水量	水源（地上/地下井号）	灌溉方式	灌水性质	与施肥量匹配情况	灌溉成本（元）
1								
2								
3								
4								
5								
备注								

灌溉方式：大水漫灌/畦灌/喷灌/滴灌/其他

灌水性质：造墒/补墒/其他

表 3 ________年度作物生育期灌溉情况调查表

年份	作物	生育期	灌溉情况				
			时间（月/日）	灌溉来源	灌溉方式	用量（方/亩）	灌水性质
	小麦	播前					
		越冬前					
		返青–拔节					
		抽穗–开花					
		灌浆–成熟					
	玉米	播前					
		拔节期					
		大喇叭口期					
		抽穗–开花					
		灌浆期					
	水稻	播栽前					
		拔节期					
		抽穗期					
		灌浆期					

注意事项：（在表格中填写相应的序号）。

灌溉来源：1 河灌；2 雨灌；3 井灌。

灌溉方式：1 大水漫灌；2 畦灌；3 喷灌；4 滴灌；5 其他。

灌水性质：1 造墒；2 补墒；3 其他。

表 4 ________年度农户肥料调查表

序号	作物名称	施肥日期（年/月）	施肥量（斤/亩）	肥料名称	肥料来源	施肥方式	与降水或灌溉是否匹配	是否经过配方施肥测试	备注
1									
2									
3									
4									
5									

施肥方式：1 底施；2 追施；3 喷施；4 水肥一体化。

表 5　________年度作物生育期肥料使用情况调查表

<table>
<tr><th rowspan="3">年份</th><th rowspan="3">作物</th><th rowspan="3">生育期</th><th colspan="9">肥料使用情况</th></tr>
<tr><th rowspan="2">时间
（月/日）</th><th rowspan="2">肥料名称</th><th rowspan="2">规格
（kg/袋）</th><th colspan="2">N、P、K</th><th rowspan="2">价格
（元/袋）</th><th rowspan="2">用量
（kg）</th><th rowspan="2">施肥
方式</th></tr>
<tr><th>名称</th><th>用量</th></tr>
<tr><td rowspan="14"></td><td rowspan="5">小麦</td><td>播前</td><td></td><td></td><td></td><td></td><td></td><td></td><td></td><td></td></tr>
<tr><td>越冬前</td><td></td><td></td><td></td><td></td><td></td><td></td><td></td><td></td></tr>
<tr><td>返青-拔节</td><td></td><td></td><td></td><td></td><td></td><td></td><td></td><td></td></tr>
<tr><td>抽穗-开花</td><td></td><td></td><td></td><td></td><td></td><td></td><td></td><td></td></tr>
<tr><td>灌浆-成熟</td><td></td><td></td><td></td><td></td><td></td><td></td><td></td><td></td></tr>
<tr><td rowspan="5">玉米</td><td>播前</td><td></td><td></td><td></td><td></td><td></td><td></td><td></td><td></td></tr>
<tr><td>拔节期</td><td></td><td></td><td></td><td></td><td></td><td></td><td></td><td></td></tr>
<tr><td>大喇叭口期</td><td></td><td></td><td></td><td></td><td></td><td></td><td></td><td></td></tr>
<tr><td>抽穗-开花</td><td></td><td></td><td></td><td></td><td></td><td></td><td></td><td></td></tr>
<tr><td>灌浆</td><td></td><td></td><td></td><td></td><td></td><td></td><td></td><td></td></tr>
<tr><td rowspan="4">水稻</td><td>播栽前</td><td></td><td></td><td></td><td></td><td></td><td></td><td></td><td></td></tr>
<tr><td>拔节期</td><td></td><td></td><td></td><td></td><td></td><td></td><td></td><td></td></tr>
<tr><td>抽穗期</td><td></td><td></td><td></td><td></td><td></td><td></td><td></td><td></td></tr>
<tr><td>灌浆期</td><td></td><td></td><td></td><td></td><td></td><td></td><td></td><td></td></tr>
</table>

施肥方式：1 底施；2 追施；3 喷施；4 水肥一体化。

附件二

各地区用水标准

河南省农业与农村生活用水定额（摘录）

1　范围

本标准规定了农业与农村生活用水定额的术语和定义、灌溉用水定额使用说明、灌溉分区、灌溉基本用水定额修正系数、种植业灌溉基本用水定额、林业灌溉基本用水定额、畜牧业用水定额、渔业用水定额和农村生活用水定额。

本标准适用于农业与农村生活的用水定额管理。

2　规范性引用文件

下列文件对于本文件的应用是必不可少的。凡是注日期的引用文件，仅注日期的版本适用于本文件。凡是不注日期的引用文件，其最新版本（包括所有的修改单）适用于本文件。

GB/T 4754—2017　国民经济行业分类

GB/T 29404—2012 灌溉用水定额编制导则

GB/T 50363—2018 节水灌溉工程技术标准

3　术语和定义

下列术语和定义适用于本文件。

3.1 用水定额

一定时期内在一定的技术和管理条件下，按照相应核算单元确定的、符合节约用水要求的各类用水户单位用水量的限额，不包括输水损失水量。

3.2 农业用水定额

一定时期内按照单位面积、单个畜禽核算的种植业、林业、渔业和畜牧业用水量的限额。

3.3 灌溉基本用水定额

在规定水文年型和参照灌溉条件下，核定的某种作物在一个生育期内（多年生作物以一年为期）田间单位面积灌溉用水量的限额，含田间灌溉损失水量和附加用水定额（包括播前灌溉和泡田用水等）。

注 1：水文年型为50%和75%，其中50%为平水年，75%为中等干旱年。

注 2：参照灌溉条件为地面灌溉。

3.4 灌溉基本用水定额修正系数

反映灌溉方法、种植条件对参照灌溉条件下灌溉基本用水定额影响程度的系数。

3.5 地面灌溉

采用沟、畦等地面设施，对作物进行灌溉的方法。

3.6 管灌

采用软管或软带等移动设施，对作物进行灌溉的方法。

3.7 喷灌

利用专门设备将有压水流通过喷头喷洒成细小水滴，落到土壤表面进行灌溉的方法。

3.8 微灌

通过管道系统与安装在末级管道上的灌水器，将水和作物生长所需的养分以较小的流量，均匀、准确地直接输送到作物根部附近土壤进行灌溉的方法，包括滴灌、微喷灌、涌泉灌等。

3.9 畜牧业用水定额

某类畜禽平均每头（匹/只）每日用水量的限额，包括饮用和清洁卫生等用水。

3.10 渔业用水定额

在规定水文年型下，单位养殖水面一年内维持适宜水深补水所需水量的限额。

3.11 农村生活用水定额

一定时期内农村居民家庭和学校生活平均每人每日（年）用水量的限额。

4 基本规定

农业分类依据 GB/T 4754 的规定。

灌溉分区和水文年型按照 GB/T 29404 的要求确定。

灌溉方法、渠系或管系水利用系数以及量水设施配备和管理应符合 GB/T 50363 的要求。

5 灌溉用水定额使用说明

从表 1 中查出某种作物所在行政区域所属的灌溉分区，在表 2 中查出某种作物在不同灌溉方法和种植条件下对应的修正系数。

从表 3 至表 9 中查出某种作物所属灌溉分区不同水文年型下的灌溉基本用水定额，将修正系数与灌溉基本用水定额连乘后，得到某种作物在不同灌溉方法和种植条件下的田间灌溉用水定额。

田间灌溉用水定额除以斗口（大中型灌区）或渠首（小型灌区）或井口（井灌区）位置以下渠系或管系水利用系数，得到某种作物相应位置的灌溉用水定额。

毛灌溉用水定额由某种作物田间灌溉用水定额除以渠系或管系水利用系数得到。

6 灌溉分区

全省灌溉分区见表1。

表1 灌溉分区

一级区	二级区	省辖市	县（市、区）	县（市、区）数	
Ⅰ. 豫北区	Ⅰ1. 豫北平原区	安阳市	安阳市区、安阳县、汤阴县、滑县、内黄县	5	26
		濮阳市	濮阳市区、清丰县、南乐县、范县、台前县、濮阳县	6	
		新乡市	新乡市区、新乡县、获嘉县、原阳县、延津县、封丘县、长垣市、卫辉市	8	
		焦作市	博爱县、武陟县、温县、沁阳市、孟州市	5	
		鹤壁市	浚县、淇县	2	
	Ⅰ2. 豫北山丘区	安阳市	林州市	1	6
		新乡市	辉县市	1	
		焦作市	焦作市区、修武县	2	
		鹤壁市	鹤壁市区	1	
		济源市	济源市	1	
Ⅱ. 豫西区		洛阳市	洛阳市区、孟津县、新安县、栾川县、嵩县、汝阳县、宜阳县、洛宁县、伊川县、偃师市	10	23
		三门峡市	三门峡市区、渑池县、卢氏县、义马市、灵宝市	5	
		郑州市	上街区、巩义市、荥阳市、新密市、登封市	5	
		平顶山市	石龙区、鲁山县、汝州市	3	

（续表）

<table>
<tr><th>一级区</th><th>二级区</th><th>省辖市</th><th>县（市、区）</th><th colspan="2">县（市、区）数</th></tr>
<tr><td rowspan="7">Ⅲ. 豫中、豫东区</td><td rowspan="4">Ⅲ1. 豫中平原区</td><td>郑州市</td><td>郑州市区（不含上街区）、中牟县、新郑市</td><td>3</td><td rowspan="4">15</td></tr>
<tr><td>平顶山市</td><td>平顶山市区（不含石龙区）、宝丰县、叶县、郏县</td><td>4</td></tr>
<tr><td>漯河市</td><td>漯河市区、舞阳县、临颍县</td><td>3</td></tr>
<tr><td>许昌市</td><td>许昌市区、鄢陵县、襄城县、禹州市、长葛市</td><td>5</td></tr>
<tr><td rowspan="3">Ⅲ2. 豫东平原区</td><td>开封市</td><td>开封市区、杞县、通许县、尉氏县、兰考县</td><td>5</td><td rowspan="3">22</td></tr>
<tr><td>商丘市</td><td>商丘市区、民权县、睢县、宁陵县、柘城县、虞城县、夏邑县、永城市</td><td>8</td></tr>
<tr><td>周口市</td><td>周口市区、扶沟县、西华县、商水县、沈丘县、郸城县、太康县、鹿邑县、项城市</td><td>9</td></tr>
<tr><td rowspan="5">Ⅳ. 豫南区</td><td>Ⅳ1. 南阳盆地区</td><td>南阳市</td><td>南阳市区、南召县、方城县、西峡县、镇平县、内乡县、淅川县、社旗县、唐河县、新野县、邓州市、桐柏县</td><td>12</td><td>12</td></tr>
<tr><td rowspan="3">Ⅳ2. 淮北平原区</td><td>驻马店市</td><td>驻马店市区、西平县、上蔡县、平舆县、正阳县、确山县、泌阳县、汝南县、遂平县、新蔡县</td><td>10</td><td rowspan="3">13</td></tr>
<tr><td>平顶山市</td><td>舞钢市</td><td>1</td></tr>
<tr><td>信阳市</td><td>息县、淮滨县</td><td>2</td></tr>
<tr><td>Ⅳ3. 淮南山丘区</td><td>信阳市</td><td>信阳市区、罗山县、光山县、新县、商城县、潢川县、固始县</td><td>7</td><td>7</td></tr>
</table>

7　灌溉基本用水定额修正系数

灌溉基本用水定额修正系数见表2。

表2　灌溉基本用水定额修正系数

灌溉方法				种植条件	
地面灌溉	管灌	喷灌	微灌	露地	温室
1.00	0.88	0.76	0.63	1.00	1.85

8　种植业灌溉基本用水定额

种植业灌溉基本用水定额见表3至表8。

表 3　谷物种植灌溉基本用水定额

行业代码	行业名称	类别名称	水文年型	定额/（$m^3/667m^2$）							
				Ⅰ1	Ⅰ2	Ⅱ	Ⅲ1	Ⅲ2	Ⅳ1	Ⅳ2	Ⅳ3
A011	谷物种植	小麦	50%	125	120	110	95	88	80	47	0
			75%	155	150	140	130	120	110	95	45
		玉米	50%	98	90	85	80	75	45	40	0
			75%	127	116	110	105	95	83	75	40
		水稻	50%	423	413	405	395	380	340	322	265
			75%	497	485	475	463	450	420	400	358

安徽省行业用水定额（摘录）

1　范围

本标准规定了安徽省行业用水定额的术语和定义、主要行业用水定额。

本标准适用于安徽省水资源管理和节约用水管理。

2　术语和定义

下列术语和定义适用于本文件。

2.1　用水量

用水户的取水量。包括从公共供水工程取水（含再生水）、自取地表水（含雨水集蓄利用）、地下水、市场购得的水产品等，不包括重复利用水量。

2.2　用水定额

一定时期内用水户单位用水量的限定值。包括农业用水定额、工业用水定额、服务业及建筑业用水定额和生活用水定额。

2.3　农业用水定额

一定时期内按相应核算单元确定的各类农业单位用水的限定值。包括农田灌溉用水定额、蔬菜和林果地灌溉用水定额、牲畜用水定额和渔业用水定额。

2.4　灌溉用水定额

在规定的位置和规定的保证率下核定的某种作物在一个生育期内单位面积的灌溉用水量，包括为满足作物种植需求而必须的播前灌水量。

2.5　基本用水定额

作物在一定水文年型下的单位面积灌溉所需的田间用水量（包括小麦等播前造墒水）。本标准中指最末端渠道放水口（或输水管道出水口）以下灌溉需水量。

2.6　附加用水定额

为满足作物生育期需水量以外的灌溉用水而增加的单位面积用水量。本标准主要指水田泡田用水。

2.7　作物灌溉综合用水定额

某区域内某种作物在各种实际灌溉条件（工程类型、取水方式、灌区规模、附加用水等）下的灌溉用水定额按灌溉面积的加权平均值。

2.8　渠系水利用系数

末级固定渠道输出流量（水量）之和与干渠渠首引入流量（水量）的比值，或各级固定渠道的渠道水利用系数的乘积。

2.9　田间水利用系数

灌入田间可被作物利用的有效水量与末级固定渠道（农渠）输出水量的比值。

2.10　大型灌区

设计灌溉面积大于或等于20 000hm^2的灌区。

2.11　中型灌区

设计灌溉面积大于或等于666.67hm^2，且小于20 000hm^2的灌区。

2.12　小型灌区

设计灌溉面积大于3.33hm^2，且小于666.67hm^{2}的灌区。

2.13　井灌区

利用机井抽取地下水进行灌溉的灌区，通常以单井控制灌溉范围为灌溉单元。

3　主要行业用水定额

3.1　农、林、牧、渔业用水定额

3.1.1　主要农作物基本用水定额

主要农作物基本用水定额应符合表1的规定，农业灌溉分区情况见附录A。

表1　主要农作物基本用水定额表　　单位：m^3/hm^2

行业分类				作物	水文年型	农业灌溉分区						
大类		中类				淮北平原区			江淮丘陵区	沿江圩区	皖南山区	大别山区
代码	类别名称	代码	类别名称			北部	中部	南部				
A01	农业	A011	谷物种植	早稻	50%	/	/	/	1 890	1 470	1 155	1 155
					75%	/	/	/	2 520	1 890	1 470	1 470
					90%	/	/	/	/	3 795	/	/
				中稻	50%	3 165	3 165	2 310	1 890	1 680	1 260	1 260
					75%	4 005	4 005	3 165	3 165	2 625	2 205	2 205
					90%	4 845	4 845	4 320	4 005	3 795	3 585	3 585
				晚稻	50%	/	/	/	2 205	2 205	1 680	1 680
					75%	/	/	/	3 165	3 165	2 310	2 310
					90%	/	/	/	/	4 845	/	/
				小麦	50%	1 005	495	495	495	0	/	/
					75%	1 500	1 005	1 005	660	495	495	495
					90%	/	/	/	/	1 005	/	/
				玉米	50%	1 005	1 005	495	495	0	/	/
					75%	1 500	1 500	1 335	1 005	495	495	495
					90%	/	/	/	/	1 005	/	/

3.1.2 水稻附加用水定额

水稻附加用水定额如表2所示。

表2 水稻附加用水定额表 单位：m^3/hm^2

代码	类别名称	作物	农业灌溉分区						
			淮北平原地区			江淮丘陵区	沿江圩区	皖南山区	大别山区
			北部	中部	南部				
A011	谷物及其他作物的种植	早稻	/	/	/	1 200	1 005	1 095	1 005
		中稻	1 200	1 200	1 005	900	900	900	900
		晚稻	/	/	/	900	750	750	750

3.1.3 渠系水利用系数及调节系数

渠系水利用系数及调节系数如表3所示。

表3 渠系水利用系数及调节系数表

农业灌溉分区	渠系水利用系数基准值 N			调节系数							
				工程类型 K1					水源类型 K2		
	大型	中型	小型	土渠输水	渠道防渗	管道输水	喷灌	微灌	机井提水	河湖提水	自流引水
淮北平原区	0.65	0.71	0.80	0.65	0.92	0.97	0.97	0.99	1	0.98	0.91
江淮丘陵区	0.67	0.70	0.76	0.68	0.94	0.97	0.97	0.99	1	0.98	0.95
沿江圩区	0.62	0.66	0.75	0.70	0.93	0.97	0.97	0.99	1	0.97	0.93
皖南山区	0.63	0.68	0.76	0.69	0.93	0.97	0.97	0.99	1	0.98	0.92
大别山区	0.63	0.68	0.76	0.69	0.93	0.97	0.97	0.99	1	0.98	0.92

注1：表中渠系水利用系数指田间最末端放水口以上各级渠道输水利用系数；

注2：灌区内工程、水源类型较多，相应调节系数应按各自控制灌溉面积进行加权平均后应用；

注3：对于设计灌溉面积超过33 333.33hm^2的大型灌区，应按照灌溉管理、工程配套、水源条件等实际情况进一步划分成灌溉控制面积不大于33 333.33hm^2的灌溉单元后，分别选择计算。

附　录　A
（规范性附录）
农业灌溉分区

根据安徽省农业生产地域、气候特点和水资源条件，将全省划分为淮北平原区、江淮丘陵区、沿江圩区、皖南山区、大别山区共五个灌溉分区，其中淮北平原区又划分为淮北平原区北部、中部、南部三个二级亚区。

安徽省农业灌溉分区概况见表 A. 1 及图 A. 1。

表 A. 1　安徽省农业灌溉分区表

分区号	分区名		涉及地市	包含县区
Ⅰ	淮北平原区	北部	亳州市、宿州市	亳州市辖区； 砀山、萧县
		中部	阜阳市、亳州市、淮北市、宿州市、蚌埠市	临泉县、界首市、太和县、阜阳市辖区； 利辛县、蒙城县、涡阳县； 濉溪县、淮北市辖区； 灵璧县、泗县、宿州市辖区； 固镇县
		南部	阜阳市、淮南市、蚌埠市	阜南县、颍上县； 凤台县； 怀远县、五河县、蚌埠市辖区
Ⅱ	江淮丘陵区		六安市、合肥市、淮南市、滁州市	霍邱县、六安市辖区； 长丰县、肥西县、肥东县、巢湖市、庐江县、合肥市辖区； 寿县、淮南市辖区； 定远县、凤阳县、明光市、来安县、全椒县、天长市、滁州市辖区
Ⅲ	沿江圩区		安庆市、铜陵市、池州市、芜湖市、马鞍山市	宿松县、望江县、桐城市、怀宁县、安庆市辖区； 枞阳县、铜陵市辖区； 东至县、池州市辖区； 无为市、繁昌县、芜湖县、芜湖市辖区； 当涂县、含山县、和县、马鞍山市辖区

（续表）

分区号	分区名	涉及地市	包含县区
Ⅳ	皖南山区	池州市、黄山市、宣城市、芜湖市	石台县、青阳县； 歙县、祁门县、休宁县、黟县、黄山市辖区； 宁国市、绩溪县、旌德县、泾县、郎溪县、广德市、宣城市辖区；南陵县
Ⅴ	大别山区	六安市、安庆市	金寨县、霍山县、舒城县； 岳西县、潜山市、太湖县

附　录　B
(资料性附录)
灌溉用水定额使用说明

B.1　灌溉分区查找

从附录 A 中查找该作物所在区域所属的农业灌溉分区。

B.2　基本用水定额查找

从表 1 至表 3 中查找该作物所属灌溉分区下不同保证率下的基本用水定额以及附加用水定额。

B.3　渠系水利用系数计算

根据该作物所在区域对应的灌区规模，从表 4 中查找对应的渠系水利用系数基准值 N，再结合灌区实际情况，选取调节系数工程类型 K_1、水源类型 K_2，三者乘积即为对应规模灌区的渠系水利用系数。

结合安徽省实际情况，对于设计灌溉面积大于 33 333.33hm^2 的大型灌区，在使用本标准前，应首先按照灌溉管理、工程配套、水源条件等实际情况进一步划分为灌溉控制面积不大于 33 333.33hm^2 灌溉单元，再行使用计算。

B.4　灌溉用水定额计算

将该作物基本用水定额与附加用水定额之和，除以所在灌区的渠系水利用系数，即得到该作物灌溉用水定额指标。

计算公式（B.1）如下：

$$m=\frac{m_{基本}+m_{附加}}{N\times K_1\times K_2} \tag{B.1}$$

式中：

m——该作物的灌溉用水定额，单位：m^3/hm^2；

$m_{基本}$——该作物的基本用水定额，单位：m^3/hm^2；

$m_{附加}$——该作物的附加用水定额，单位：m^3/hm^2；

N——渠系水利用系数基准值；

K_1、K_2——调节系数（工程类型、水源类型）。

江苏省灌溉用水定额（摘录）

1　范围

本标准规定了灌溉用水定额的省级分区、主要作物和灌区类型、工程类型、取水方式以及作物的灌溉用水定额等。

本标准适用于江苏省主要农作物灌溉用水定额。

2　规范性引用文件

下列文件对于本文件的应用是必不可少的。凡是注日期的引用文件，仅所注日期的版本适用于本文件。凡是不注日期的引用文件，其最新版本（包括所有的修改单）适用于本文件。

GB/T 29404—2012　《灌溉用水定额编制导则》

3　术语和定义

下述术语和定义适用于本文件。

3.1　灌溉保证率

在多年运行中，灌区用水量能得到保证的概率。

3.2　规定位置

便于用水计量和实施用水管理的位置。本规范中，用水计量的规定位置为提水泵站出水口或渠灌区的斗口。

3.3　灌溉用水定额

在规定位置和规定灌溉保证率下核定的某种作物在一个生育期

内单位面积的灌溉用水量。

3.4 基本用水定额

某种作物在参照灌溉条件下的单位面积灌溉用水量。本标准的参照灌溉条件是灌溉工程类型为土渠输水地面灌溉、取水方式为自流引水、灌区规模为小型、无附加用水。

3.5 附加用水定额

参照灌溉条件下，为满足作物生育期需水量以外的灌溉用水而增加的单位面积用水量。附加用水包括用于播前土壤储水、淋洗土壤盐分用水、水稻泡田用水等。

3.6 作物综合灌溉用水定额

某区域内某种作物在各种实际灌溉条件（工程类型、取水方式、灌区模式、附加用水等）下的灌溉用水定额按灌溉面积的加权平均值。

3.7 灌溉分区

根据区域内不同地形、地貌、气候、作物、土壤、灌溉水资源条件、水利化程度及灌溉方式等特征，按照区别差异性、归纳共同性的方法，把江苏省划分成 15 个在农业灌溉上各具特点的省级灌溉区。

3.8 大型灌区

设计灌溉面积为 20 000hm^2 及以上的灌区。

3.9 中型灌区

设计灌溉面积为 667~20 000hm^2 的灌区。

3.10 小型灌区

设计灌溉面积在 667hm^2 及以下的灌区。

3.11　渠道防渗

减少渠道水量渗漏损失的工程技术措施。

3.12　管道输水灌溉

由水泵加压或自然落差形成的有压水流通过管道输送到田间给水装置，采用地面灌溉的方法。

3.13　喷灌

利用专门设备将有压水流通过喷头喷洒成细小水滴，落到土壤表面进行灌溉的方法。

3.14　微灌

通过管道系统与安装在末级管道上的灌水器，将水以较小的流量，均匀、准确地直接输送到作物根部附近土壤的一种灌水方法。

3.15　调节系数

反映工程类型、取水方式、灌区规模等对参照灌溉条件下灌溉用水定额影响程度的系数。其确定方法应符合 GB/T 29404—2012《灌溉用水定额编制导则》的规定。江苏省各省级分区灌溉用水定额调节系数详见附录 A。

4　省级分区、主要作物和灌区类型

4.1　省级分区

4.1.1　本标准将江苏省分为 15 个省级分区。分别是：丰沛平原区（Ⅰ）、淮北丘陵区（Ⅱ）、黄淮平原区（Ⅲ）、故黄河平原沙土区（Ⅳ）、洪泽湖及周边岗地平原区（Ⅴ）、里下河平原区（Ⅵ）、沿海沙土区（Ⅶ）、盱仪六丘陵区（Ⅷ）、沿江高沙土区（Ⅸ）、通南沿江平原区（Ⅹ）、宁镇宜溧丘陵区（Ⅺ）、太湖湖西平原区（Ⅻ）、武澄锡虞平原区（ⅩⅢ）、太湖丘陵区（ⅩⅣ）和阳澄淀泖平原区

(XV)，详见附录 B。

4.1.2　每个省级分区根据自然条件、水资源特点、作物种植、灌溉工程类型、取水方式、灌区规模、附加用水等条件，确定典型县。

4.2　主要作物

4.2.1　主要作物包括水稻、玉米、麦类、棉花、油菜、番茄、辣椒、大白菜、小白菜、其他叶菜等。

4.2.2　本标准未列出的作物可参照相关或相似作物的灌溉用水定额。

4.3　灌区类型

4.3.1　灌区工程类型包括渠道防渗、管道输水、喷灌、微灌和土渠输水。

4.3.2　灌区取水方式包括机井提水、泵站扬水和自流引水。

4.3.3　灌区规模包括大型灌区、中型灌区和小型灌区。

5　灌溉用水定额

省级分区主要作物灌溉基本用水定额和附加用水定额如表 1 至表 10 所示，各省级分区主要作物综合灌溉用水定额如表 11 所示。

省级分区各种作物在实际灌溉条件下的灌溉用水定额，应依据作物的基本用水定额、附加用水定额以及调节系数按公式（1）计算：

$$m= (m_{基本}+m_{附加}),\ K_1,\ K_2 \cdots K_n \quad (1)$$

式中：m——某省级分区典型县某种作物的灌溉用水定额，m^3/亩；

$m_{基本}$——某省级分区典型县某种作物的基本用水定额，m^3/亩；

$m_{附加}$——某省级分区典型县某种作物的附加用水定额，m^3/亩；

K_1、K_2、. . . 、K_n——分别为工程类型、取水方式、灌区规模等影响因素的调节系数，见附录A。

表1　水稻灌溉基本用水定额与附加用水定额

灌溉分区（灌溉设计保证率）	典型县	基本用水定额（m^3/亩）		附加用水定额（m^3/亩）	
		平水年	设计年	平水年	设计年
丰沛平原区（$P=85\%$）	丰县	395	445	130	135
	沛县	395	445	130	135
	铜山区	400	450	130	135
淮北丘陵区（$P=80\%$）	贾汪区	430	450	110	130
	邳州市	395	440	110	130
	铜山区	400	445	110	125
	新沂市	405	440	110	130
	东海县	390	435	105	130
	赣榆区	405	450	105	130
黄淮平原区（$P=85\%$）	邳州市	385	435	130	135
	铜山区	390	440	125	130
	新沂市	390	440	120	125
	东海县	400	450	120	125
	赣榆区	400	450	135	140
	灌云县	400	440	130	135
	灌南县	395	445	135	140
	淮阴区	390	440	130	135
	涟水县	395	445	125	130
	响水县	390	440	120	125
	沭阳县	395	445	120	125
	泗阳县	395	445	125	130
	宿城区	400	450	120	125
	宿豫区	395	445	120	125
故黄河平原沙土区（$P=85\%$）	铜山区	410	455	125	130
	睢宁县	390	435	120	125
	淮安区	400	445	135	140
	淮阴区	405	450	130	135
	涟水县	400	450	130	135

（续表）

灌溉分区（灌溉设计保证率）	典型县	基本用水定额（m^3/亩）		附加用水定额（m^3/亩）	
		平水年	设计年	平水年	设计年
故黄河平原沙土区（$P=85\%$）	滨海县	395	440	135	140
	射阳县	420	465	125	130
	响水县	400	445	130	135
	泗阳县	405	450	125	130
	宿城区	415	460	130	135
	宿豫区	405	450	120	125
洪泽湖及周边岗地平原区（$P=80\%$）	睢宁县	410	425	130	135
	洪泽区	390	435	130	135
	清江浦区	410	435	130	135
	淮阴区	415	450	120	125
洪泽湖及周边岗地平原区（$P=80\%$）	盱眙县	430	475	110	115
	泗洪县	410	455	120	130
	泗阳县	390	435	120	130
	宿城区	400	445	120	135
里下河平原区（$P=90\%$）	海安市	425	470	105	120
	洪泽区	425	470	105	120
	淮安区	445	490	105	120
	金湖县	440	485	105	120
	滨海县	440	485	115	130
	大丰区	445	490	115	130
	东台市	430	475	115	130
	阜宁县	425	470	115	130
	建湖县	420	465	115	130
	亭湖区	430	475	115	130
	盐都区	430	475	115	130
	宝应县	435	480	110	125
	高邮市	435	480	110	125
	海陵区	435	480	110	125

（续表）

灌溉分区（灌溉设计保证率）	典型县	基本用水定额（m^3/亩）		附加用水定额（m^3/亩）	
		平水年	设计年	平水年	设计年
里下河平原区（$P=90\%$）	高港区	440	485	110	125
	广陵区	435	480	110	125
	邗江区	435	480	110	125
	江都区	435	480	110	125
	姜堰区	440	485	110	125
	兴化市	440	485	110	120
沿海沙土区（$P=85\%$）	滨海县	440	485	130	135
	大丰区	445	490	130	135
	东台市	430	475	135	140
	射阳县	460	505	135	140
	亭湖区	440	485	130	135
盱仪六丘陵区（$P=90\%$）	六合区	460	510	130	140
	盱眙县	435	485	120	130
	高邮市	425	475	120	130
	邗江区	455	505	125	135
	仪征市	425	475	110	120
沿江高沙土区（$P=90\%$）	海安市	430	480	120	130
	如皋市	430	480	125	135
	邗江区	430	480	120	130
	江都区	435	485	105	115
	仪征市	435	485	125	135
	丹徒区	425	475	115	125
	扬中市	470	520	110	120
	姜堰区	465	515	125	135
	靖江市	440	490	130	140
	泰兴市	450	505	125	140

（续表）

灌溉分区（灌溉设计保证率）	典型县	基本用水定额（m^3/亩）		附加用水定额（m^3/亩）	
		平水年	设计年	平水年	设计年
通南沿江平原区（$P=90\%$）	海安市	440	490	115	125
	海门市	475	525	125	135
	启东市	475	525	120	130
	如东县	430	480	125	135
	通州区	465	515	130	140
宁镇宜溧丘陵区（$P=90\%$）	高淳区	465	515	125	135
	溧水区	465	515	125	135
	六合区	450	500	125	135
	浦口区	450	500	120	130
	江宁区	460	510	120	130
	宜兴市	465	515	120	130
	金坛区	510	560	125	135
	溧阳市	445	495	120	130
	丹徒区	460	510	105	115
	丹阳市	445	495	130	140
	句容市	470	520	115	125
太湖湖西平原区（$P=95\%$）	宜兴市	475	525	105	120
	金坛区	500	530	105	120
	溧阳市	445	495	105	120
	武进区	515	535	105	120
	新北区	470	520	105	120
	丹阳市	470	530	105	125
武澄锡虞平原区（$P=95\%$）	江阴市	490	540	110	130
	武进区	505	540	110	130
	锡山区	490	540	110	130
	惠山区	490	545	110	130
	新北区	485	535	110	130
	常熟市	525	540	110	130
	张家港市	485	540	110	130

（续表）

灌溉分区（灌溉设计保证率）	典型县	基本用水定额（m^3/亩）		附加用水定额（m^3/亩）	
		平水年	设计年	平水年	设计年
太湖丘陵区（$P=90\%$）	武进区	520	565	100	120
	吴中区	485	530	100	120
阳澄淀泖平原区（$P=95\%$）	常熟市	530	540	110	130
	相城区	495	540	110	135
	昆山市	505	555	110	130
	太仓市	495	545	110	130
	吴江区	510	560	110	130
	吴中区	495	545	110	130

备注：平水年是指灌溉保证率$P=50\%$的水文年型，设计年是灌溉保证率为设计保证率时对应的水文年型，下同。

表2　小麦基本用水定额

灌溉分区（灌溉设计保证率）	典型县	基本用水定额（m^3/亩）	
		平水年	设计年
丰沛平原区（$P=85\%$）	丰县	45	75
	沛县	45	80
	铜山区	45	70
淮北丘陵区（$P=80\%$）	贾汪区	45	70
	邳州市	40	70
	铜山区	40	70
	新沂市	40	70
	东海县	0	60
	赣榆区	0	60
黄淮平原区（$P=85\%$）	邳州市	40	75
	铜山区	40	75
	新沂市	40	75
	东海县	0	60
	赣榆区	0	60

（续表）

灌溉分区（灌溉设计保证率）	典型县	基本用水定额（m^3/亩）	
		平水年	设计年
黄淮平原区（$P=85\%$）	灌云县	0	60
	灌南县	0	60
	淮阴区	0	65
	涟水县	0	75
	响水县	0	65
	沭阳县	0	65
	泗阳县	0	65
	宿城区	0	65
	宿豫区	0	65
故黄河平原沙土区（$P=80\%$）	铜山区	0	95
	睢宁县	0	95
	淮安区	0	85
	淮阴区	0	85
	涟水县	0	85
	滨海县	0	85
	射阳县	0	90
	响水县	0	90
	泗阳县	0	95
	宿城区	0	90
	宿豫区	0	90
洪泽湖及周边岗地平原区（$P=80\%$）	睢宁县	0	70
	洪泽区	0	70
	清江浦区	0	70
	淮阴区	0	70
洪泽湖及周边岗地平原区（$P=80\%$）	盱眙县	0	65
	泗洪县	0	65
	泗阳县	0	70
	宿城区	0	70

（续表）

灌溉分区（灌溉设计保证率）	典型县	基本用水定额（m^3/亩）	
		平水年	设计年
里下河平原区（$P=90\%$）	海安市	0	50
	洪泽区	0	55
	淮安区	0	60
	金湖县	0	55
	滨海县	0	55
	大丰区	0	55
	东台市	0	55
	阜宁县	0	55
	建湖县	0	55
	亭湖区	0	55
	盐都区	0	55
	宝应县	0	55
	高邮市	0	60
	海陵区	0	60
	高港区	0	60
	广陵区	0	60
	邗江区	0	60
	江都区	0	60
	姜堰区	0	60
	兴化市	0	60
沿海沙土区（$P=85\%$）	滨海县	0	70
	大丰区	0	70
	东台市	0	70
	射阳县	0	70
	亭湖区	0	70
盱仪六丘陵区（$P=90\%$）	六合区	0	65
	盱眙县	0	65
	高邮市	0	65
	邗江区	0	65
	仪征市	0	65

（续表）

灌溉分区（灌溉设计保证率）	典型县	基本用水定额（m^3/亩）	
		平水年	设计年
沿江高沙土区（$P=90\%$）	海安市	0	70
	如皋市	0	70
	邗江区	0	70
	江都区	0	70
	仪征市	0	70
	丹徒区	0	70
	扬中市	0	65
	姜堰区	0	65
	靖江市	0	70
	泰兴市	0	70
通南沿江平原区（$P=90\%$）	海安市	0	60
	海门市	0	65
	启东市	0	65
	如东县	0	65
	通州区	0	65
宁镇宜溧丘陵区（$P=90\%$）	高淳区	0	65
	溧水区	0	65
	六合区	0	65
	浦口区	0	65
	江宁区	0	65
	宜兴市	0	75
	金坛区	0	75
	溧阳市	0	75
	丹徒区	0	70
	丹阳市	0	70
	句容市	0	60

（续表）

灌溉分区（灌溉设计保证率）	典型县	基本用水定额（m^3/亩）	
		平水年	设计年
太湖湖西平原区（$P=90\%$）	宜兴市	0	75
	金坛区	0	75
	溧阳市	0	75
	武进区	0	75
	新北区	0	75
	丹阳市	0	75
武澄锡虞平原区（$P=95\%$）	江阴市	0	85
	武进区	0	75
	锡山区	0	75
	惠山区	0	75
	新北区	0	75
	常熟市	0	75
	张家港市	0	85
太湖丘陵区（$P=90\%$）	武进区	0	75
	吴中区	0	75
阳澄淀泖平原区（$P=95\%$）	常熟市	0	85
	相城区	0	75
	昆山市	0	75
	太仓市	0	75
	吴江区	0	75
	吴中区	0	75

表 3　玉米基本用水定额

灌溉分区（灌溉设计保证率）	典型县	基本用水定额（m^3/亩）	
		平水年	设计年
丰沛平原区（$P=85\%$）	丰县	50	90
	沛县	50	90
	铜山区	50	90

（续表）

灌溉分区（灌溉设计保证率）	典型县	基本用水定额（m^3/亩）	
		平水年	设计年
淮北丘陵区（$P=80\%$）	贾汪区	45	85
	邳州市	45	85
	铜山区	45	85
	新沂市	45	85
	东海县	45	85
	赣榆区	40	80
黄淮平原区（$P=85\%$）	邳州市	50	90
	铜山区	45	85
	新沂市	50	90
	东海县	50	90
	赣榆区	45	90
	灌云县	0	80
	灌南县	0	85
	淮阴区	0	80
	涟水县	0	70
	响水县	0	90
	沭阳县	0	90
	泗阳县	0	90
	宿城区	0	85
	宿豫区	0	75
故黄河平原沙土区（$P=80\%$）	铜山区	0	95
	睢宁县	0	95
	淮安区	0	90
	淮阴区	0	85
	涟水县	0	85
	滨海县	0	85
	射阳县	0	85
	响水县	0	85

（续表）

灌溉分区（灌溉设计保证率）	典型县	基本用水定额（m^3/亩）	
		平水年	设计年
故黄河平原沙土区（$P=80\%$）	泗阳县	0	85
	宿城区	0	85
	宿豫区	0	85
洪泽湖及周边岗地平原区（$P=80\%$）	睢宁县	0	90
	洪泽区	0	85
	清江浦区	0	85
	淮阴区	0	85
	盱眙县	0	85
	泗洪县	0	85
	泗阳县	0	85
	宿城区	0	85
里下河平原区（$P=85\%$）	海安市	0	70
	洪泽区	0	70
	淮安区	0	70
	金湖县	0	75
	滨海县	0	75
	大丰区	0	70
	东台市	0	85
	阜宁县	0	70
	建湖县	0	55
	亭湖区	0	65
	盐都区	0	80
	宝应县	0	60
	高邮市	0	60
	海陵区	0	70
	高港区	0	70
	广陵区	0	70
	邗江区	0	65
	江都区	0	65
	姜堰区	0	60
	兴化市	0	55

（续表）

灌溉分区（灌溉设计保证率）	典型县	基本用水定额（m^3/亩）	
		平水年	设计年
沿海沙土区（$P=85\%$）	滨海县	0	60
	大丰区	0	60
	东台市	0	60
	射阳县	0	60
	亭湖区	0	60
盱仪六丘陵区（$P=90\%$）	六合区	0	75
	盱眙县	0	75
	高邮市	0	75
	邗江区	0	75
	仪征市	0	75
沿江高沙土区（$P=90\%$）	海安市	0	75
	如皋市	0	70
	邗江区	0	70
	江都区	0	70
	仪征市	0	75
	丹徒区	0	75
	扬中市	0	65
	姜堰区	0	75
	靖江市	0	65
	泰兴市	0	65
通南沿江平原区（$P=90\%$）	海安市	0	60
	海门市	0	60
	启东市	0	60
	如东县	0	65
	通州区	0	60
宁镇宜溧丘陵区（$P=90\%$）	高淳区	0	70
	溧水区	0	75
	六合区	0	75

（续表）

灌溉分区（灌溉设计保证率）	典型县	基本用水定额（m^3/亩）	
		平水年	设计年
宁镇宜溧丘陵区（$P=90\%$）	浦口区	0	75
	江宁区	0	80
	宜兴市	0	70
	金坛区	0	70
	溧阳市	0	70
	丹徒区	0	70
	丹阳市	0	70
	句容市	0	70
太湖湖西平原区（$P=90\%$）	宜兴市	0	60
	金坛区	0	60
	溧阳市	0	60
	武进区	0	60
	新北区	0	60
	丹阳市	0	60
武澄锡虞平原区（$P=95\%$）	江阴市	0	60
	武进区	0	60
	锡山区	0	60
	惠山区	0	60
	新北区	0	60
	常熟市	0	60
	张家港市	0	60
太湖丘陵区（$P=90\%$）	武进区	0	65
	吴中区	0	65
阳澄淀泖平原区（$P=95\%$）	常熟市	0	60
	相城区	0	60
	昆山市	0	60
	太仓市	0	60
	吴江区	0	60
	吴中区	0	60

表 4　主要作物综合灌溉用水定额

省级分区	作物名称	综合灌溉用水定额	
		（m^3/亩）	（m^3/亩）
丰沛平原区（*P*=85%）	水稻	8400	560
	玉米	1 200	80
	麦类	1 200	80
	棉花	1 050	70
	油菜	1 200	80
	辣椒	2 400	160
	番茄	2 250	150
	大白菜	675	45
	其他叶菜	975	65
淮北丘陵区（*P*=80%）	水稻	8 250	550
	玉米	1 050	70
	麦类	1 050	70
	棉花	1 125	75
	油菜	1 050	70
	辣椒	2 400	160
	番茄	2 025	135
	大白菜	600	40
	其他叶菜	900	60
黄淮平原区（*P*=85%）	水稻	8 400	560
	玉米	1 050	70
	麦类	1 125	75
	棉花	1 050	70
	油菜	1 050	70
	辣椒	2 250	150
	番茄	2 100	140
	大白菜	600	40
	小白菜	450	30
	其他叶菜	900	60

（续表）

省级分区	作物名称	综合灌溉用水定额	
		（m^3/亩）	（m^3/亩）
故黄河平原沙土区（$P=85\%$）	水稻	8 550	570
	玉米	1 200	80
	麦类	1 200	80
	棉花	1 200	80
	油菜	1 200	80
	辣椒	2 625	175
	番茄	2 250	150
	大白菜	600	40
	小白菜	525	35
	其他叶菜	975	65
洪泽湖及周边岗地平原区（$P=80\%$）	水稻	8 100	540
	玉米	1 050	70
	麦类	1 050	70
	棉花	1 050	70
	油菜	1 050	70
	辣椒	2 025	135
	番茄	1 950	130
	大白菜	600	40
	小白菜	450	30
	其他叶菜	900	60
里下河平原区（$P=90\%$）	水稻	8 400	560
	玉米	750	50
	麦类	900	60
	棉花	900	60
	油菜	1 275	85
	辣椒	2 475	165
	番茄	2 025	135
	大白菜	600	40
	小白菜	375	25
	其他叶菜	900	60

（续表）

省级分区	作物名称	综合灌溉用水定额	
		（m^3/亩）	（m^3/亩）
沿海沙土区（P=90%）	水稻	9 300	620
	玉米	900	60
	麦类	975	65
	棉花	1 200	80
	油菜	1 275	85
	辣椒	2 700	180
	番茄	1 950	130
	大白菜	675	45
	小白菜	525	35
	其他叶菜	1 050	60
盱仪六丘陵区（P=90%）	水稻	8 775	585
	玉米	1 200	80
	麦类	900	60
	油菜	1 200	80
	辣椒	2 475	165
	番茄	1 950	130
	大白菜	525	35
	小白菜	525	35
	其他叶菜	900	60
沿江高沙土区（P=90%）	水稻	9 300	620
	玉米	1 125	75
	麦类	975	65
	油菜	1 200	80
	辣椒	2 775	185
	番茄	2 025	135
	大白菜	675	45
	小白菜	525	35
	其他叶菜	1 125	75

（续表）

省级分区	作物名称	综合灌溉用水定额	
		（m^3/亩）	（m^3/亩）
通南沿江平原区（$P=90\%$）	水稻	9 150	610
	玉米	825	55
	麦类	1 125	75
	棉花	1 125	75
	油菜	1 050	70
	辣椒	2 550	170
	番茄	1 875	125
	大白菜	600	40
	小白菜	525	35
	其他叶菜	975	65
宁镇宜溧丘陵区（$P=90\%$）	水稻	8 850	590
	玉米	900	60
	麦类	900	60
	油菜	1 050	70
	辣椒	2 325	155
	番茄	1 950	130
	小白菜	525	35
	其他叶菜	900	60
太湖湖西平原区（$P=95\%$）	水稻	9 000	600
	玉米	900	60
	麦类	900	60
	油菜	1 200	80
	辣椒	2 550	170
	番茄	2 025	135
	小白菜	450	30
	其他叶菜	1 050	70

（续表）

省级分区	作物名称	综合灌溉用水定额	
		（m^3/亩）	（m^3/亩）
武澄锡虞平原区（P=95%）	水稻	9 150	610
	玉米	930	62
	麦类	1 125	75
	油菜	900	60
	辣椒	2 550	170
	番茄	2 025	135
	小白菜	600	40
	其他叶菜	1 050	70
太湖丘陵区（P=90%）	水稻	900	600
	玉米	900	60
	小麦	900	60
	油菜	900	60
	辣椒	2 400	160
	番茄	1 950	130
	小白菜	525	35
	其他叶菜	975	65
阳澄淀泖平原区（P=95%）	水稻	9 150	610
	玉米	900	60
	麦类	900	60
	油菜	900	60
	辣椒	2 550	170
	番茄	2 025	135
	小白菜	600	40
	其他叶菜	1050	70

注：表中数据为单季作物灌溉用水量。下同。

附录 A
（规范性附录）

表 A. 1 不同省级分区灌溉用水定额调节系数

灌溉分区	工程类型 K1					取水方式 K2			灌区规模 K3		
	渠道防渗 K11	管道输水 K12	喷灌 K13	微灌 K14	土渠输水 K15	机井提水 K21	泵站扬水 K22	自流引水 K23	大型 K31	中型 K32	小型 K33
丰沛平原区	0.91	0.86	0.70	0.64	1.00	0.96	0.94	1.00	—	1.03	1.00
淮北丘陵区	0.91	0.86	0.70	0.64	1.00	0.96	0.95	1.00	1.06	1.03	1.00
黄淮平原区	0.91	0.86	0.70	0.64	1.00	0.96	0.95	1.00	1.06	1.03	1.00
故黄河平原沙土区	0.91	0.86	0.70	0.63	1.00	0.95	0.94	1.00	1.06	1.03	1.00
洪泽湖及周边岗地平原区	0.91	0.86	0.70	0.64	1.00	0.94	0.95	1.00	1.06	1.03	1.00
里下河平原区	0.93	0.85	0.71	0.66	1.00	—	0.96	1.00	1.07	1.05	1.00
沿海沙土区	0.93	0.85	0.69	0.63	1.00	—	0.94	1.00	1.05	1.04	1.00
盱仪六丘陵区	0.93	0.85	0.69	0.63	1.00	—	0.94	1.00	1.05	1.04	1.00

（续表）

灌溉分区	工程类型 K1					取水方式 K2			灌区规模 K3		
	渠道防渗 K11	管道输水 K12	喷灌 K13	微灌 K14	土渠输水 K15	机井提水 K21	泵站扬水 K22	自流引水 K23	大型 K31	中型 K32	小型 K33
沿江高沙土区	0.91	0.85	0.69	0.63	1.00	—	0.94	1.00	1.05	1.04	1.00
通南沿江平原区	0.91	0.85	0.66	0.64	1.00	—	0.96	1.00	1.07	1.05	1.00
宁镇宜溧丘陵区	0.93	0.85	0.69	0.64	1.00	—	0.94	1.00	1.05	1.04	1.00
太湖湖西平原区	0.94	0.85	0.69	0.64	1.00	—	0.96	1.00	1.05	1.04	1.00
武澄锡虞平原区	0.94	0.87	0.70	0.64	1.00	—	0.97	1.00	1.06	1.03	1.00
太湖丘陵区	0.94	0.86	0.69	0.64	1.00	—	0.96	1.00	—	1.03	1.00
阳澄淀泖平原区	0.94	0.87	0.71	0.64	1.00	—	0.97	1.00	—	1.03	1.00

附录 B
（规范性附录）

表 B.1　灌溉用水定额省级分区

序号	灌溉分区	典型县
1	丰沛平原区	丰县
		沛县
		铜山区（何桥镇、黄集镇、柳新镇、郑集镇、刘集镇、大彭镇、茅村镇、汉王镇、三堡街道、棠张镇、利国镇、柳泉镇）
		贾汪区
		邳州市（邢楼镇、燕子埠镇、车辐山镇、四户镇、岔河镇、铁富镇、戴庄镇、邹庄镇）
		新沂市（双塘镇、阿湖镇）
		东海县（桃林镇、温泉镇、李埝乡、山左口乡、双店镇）
		赣榆区（班庄镇、厉庄镇、黑林镇、塔山镇、城头镇、柘汪镇、石桥镇、金山镇）
2	黄淮平原区	邳州市（碾庄镇、八义集镇、土山镇、占城镇、宿羊山镇、戴圩街道、赵墩镇、炮车街道、运河街道、议堂镇、邳城镇、官湖镇、八路镇、新河镇、港上镇、陈楼镇）
		铜山区（徐庄镇、大许镇）
		新沂市（瓦窑镇、草桥镇、港头镇、棋盘镇、窑湾镇、新店镇、北沟街道、新安街道、唐店街道、马陵山镇、邵店镇、高流镇、时集镇、合沟镇）
		东海县（石湖乡、洪庄镇、安峰镇、曲阳乡、青湖镇、驼峰乡、石榴街道、牛山街道、石梁河镇、黄川镇、房山镇、平明镇、白塔埠镇、张湾乡）
		赣榆区（城西镇、沙河镇、青口镇、宋庄镇、墩尚镇、海头镇、赣马镇）
		灌云县
		灌南县
		淮阴区（徐溜镇、渔沟镇、刘老庄镇）
		涟水县（陈师街道、成集镇、梁岔镇、高沟镇、岔庙镇、红窑镇、五港镇）

（续表）

序号	灌溉分区	典型县
2	黄淮平原区	响水县（响水镇、双港镇、陈家港镇）
		沭阳县
		泗阳县（三庄乡、南刘集乡、八集乡、众兴镇、爱园镇、穿城镇、张家圩镇、王集镇、庄圩乡、里仁乡）
		宿城区（其他）
		宿豫区（黄墩镇、皂河镇、井头乡、晓店镇、大兴镇、丁嘴镇、仰化镇、保安乡、侍岭镇、来龙镇、新庄镇、曹集乡）
3	故黄河平原沙土区	铜山区（张集镇、伊庄镇、房村镇、单集镇）
		睢宁县（姚集镇、双沟镇、王集镇、庆安镇、古邳镇、高作镇、魏集镇、梁集镇、沙集镇）
		淮安区（钦工镇）
		淮阴区（王家营街道、古清口街道、新渡口街道、三树镇、丁集镇、淮高镇）
		涟水县（保滩街道、朱码街道、涟城街道、南集镇、黄营镇、东胡集镇、大东镇、石湖镇、唐集镇）
		滨海县（东坎街道、坎北街道、界牌镇、陈涛镇、滨淮镇、八巨镇、八滩镇、滨海港镇）
		响水县（黄圩镇、运河镇、小尖镇、南河镇、大有镇）
		泗阳县（李口镇、临河镇）
		宿城区（三棵树街道、南蔡乡、双庄街道、洋北镇）
		宿豫区（顺河街道、豫新街道、下相街道、王官集镇、蔡集镇、陆集镇）
4	洪泽湖及周边岗地平原区	睢宁县（睢城街道、桃园镇、岚山镇、邱集镇、凌城镇、官山镇、李集镇）
		洪泽区（高良涧街道、老子山镇、三河镇、蒋坝镇、西顺河镇、东双沟镇）
		清江浦区
		淮阴区（高家堰镇、马头镇、南陈集镇）
		盱眙县（盱城街道、鲍集镇、淮河镇、管仲镇、官滩镇、马坝镇）
		泗洪县
		泗阳县（高渡镇、卢集镇、新袁镇、裴圩镇）
		宿城区（埠子镇、龙河镇、罗圩乡）

（续表）

序号	灌溉分区	典型县
5	里下河平原区	海安市（中城街道、南城街道、西城街道、北城街道、南莫镇、墩头镇、曲塘镇、白甸镇、城东镇）
		洪泽区（朱坝街道、黄集街道、岔河镇）
		淮安区（淮城街道、范集镇、石塘镇、漕运镇、平桥镇、施河镇、流均镇、朱桥镇、顺河镇、复兴镇、博里镇、车桥镇、苏嘴镇）
		金湖县
		滨海县（坎南街道、天场镇）
		大丰区（刘庄镇、草堰镇、白驹镇）
		东台市（时堰镇、溱东镇、五烈镇、梁垛镇、安丰镇、东台镇、南沈灶镇、富安镇）
		阜宁县
		建湖县
		亭湖区（便仓镇、新兴镇）
		盐都区
6	里下河平原区	宝应县
		高邮市（送桥镇原天山镇范围除外）
		邗江区（西湖镇、双桥街道、方巷镇、槐泗镇、城北街道）
		广陵区（湾头镇、杭集镇、泰安镇、汤汪乡）
		海陵区
		高港区
		江都区（仙女镇、丁沟镇、真武镇、邵伯镇、丁伙镇、樊川镇、宜陵镇、武坚镇、小纪镇、郭村镇）
		姜堰区（三水街道、天目山街道、淤溪镇、溱潼镇、沈高镇、桥头乡、姜堰镇、娄庄镇、白米镇、俞垛镇、兴泰乡）
		兴化市
7	沿海沙土区	滨海县（蔡桥镇、通榆镇、正红镇、五汛镇）
		大丰区（丰华街道、大中街道、西团镇、小海镇、草庙镇、新丰镇、三龙镇、万镇、大桥镇、南阳镇）
		东台市（头灶镇、三仓镇、许河镇、新街镇、弶港镇、唐洋镇）
		射阳县
		亭湖区（青墩镇、南洋镇、步凤镇、黄尖镇、盐东镇）

（续表）

序号	灌溉分区	典型县
8	盱仪六丘陵区	六合区（竹镇镇、程桥街道、马鞍街道、冶山街道、金牛湖街道、横梁街道）
		盱眙县（太和街道、古桑街道、河桥镇、黄花塘镇、穆店镇、桂五镇、天泉湖镇）
		高邮市（送桥镇原天山镇范围）
		邗江区（甘泉街道、杨寿镇、杨庙镇）
		仪征市（月塘镇、青山镇、马集镇、陈集镇、大仪镇、刘集镇）
9	沿江高沙土区	海安市（雅周镇）
		如皋市
		邗江区（蒋王镇、汊河镇、瓜洲镇、八里镇、霍桥镇、施桥镇、沙头镇、李典镇、头桥镇、红桥镇、新坝镇、平山乡）
		广陵区（李典镇、沙头镇、头桥镇）
		江都区（大桥镇、吴桥镇、浦头镇）
		仪征市（真州镇、新集镇、新城镇、朴席镇）
		丹徒区（高桥镇）
		扬中市
		姜堰区（张甸镇、顾高镇、大埝镇、蒋垛镇）
		靖江市
		泰兴市
10	通南沿江平原区（$P=90\%$）	海安市（大公镇、李堡镇、角斜镇）
		海门市
		启东市
		如东县
		通州区
11	宁镇宜溧丘陵区	高淳区
		溧水区
		江宁区
		建邺区
		六合区（雄州街道、龙池街道、长芦街道、龙袍街道）
		浦口区
		栖霞区

（续表）

序号	灌溉分区	典型县
11	宁镇宜溧丘陵区	秦淮区
		玄武区
		雨花台区
		宜兴市（新街街道、西渚镇、张渚镇、太华镇、湖㳇镇、丁蜀镇）
		金坛区（薛埠镇）
		溧阳市（南渡镇、社渚镇、竹箦镇、上兴镇、天目湖镇、戴埠镇）
		丹徒区（高资街道、宜城街道、世业镇、上党镇、宝堰镇、谷阳镇、辛丰镇）
		丹阳市（丹北镇）
		句容市
12	太湖湖西平原区	宜兴市（新庄街道、宜城街道、屺亭街道、芳桥街道、杨巷镇、徐舍镇、新建镇、官林镇、高塍镇、和桥镇、万石镇、周铁镇）
		金坛区（尧塘街道、直溪镇、金城镇、朱林镇、儒林镇、指前镇）
		溧阳市（昆仑街道、别桥镇、上黄镇、埭头镇、溧城镇）
		武进区（南夏墅街道、嘉泽镇、湟里镇、前黄镇、牛塘镇）
		新北区（西夏墅镇、孟河镇、春江镇、罗溪镇、薛家镇、奔牛镇）
		丹阳市（云阳街道、曲阿街道、皇塘镇、司徒镇、延陵镇、珥陵镇、陵口镇、吕城镇、导墅镇、访仙镇、界牌镇）
13	武澄锡虞平原区（$P=95\%$）	江阴市
		武进区（湖塘镇、遥观镇、礼嘉镇、洛阳镇、横山桥镇、横林镇）
		锡山区
		惠山区
		新北区（三井街道、龙虎塘街道、新桥镇）
		常熟市（尚湖镇）
		张家港市
14	太湖丘陵区	武进区（雪堰镇）
		吴中区（金庭镇、光福镇、东山镇、木渎镇）
15	阳澄淀泖平原区	常熟市（碧溪街道、东南街道、虞山街道、琴川街道、莫城街道、常福街道、董浜镇、支塘镇、辛庄镇、海虞镇、梅李镇、古里镇、沙家浜镇）
		昆山市
		相城区

（续表）

序号	灌溉分区	典型县
15	阳澄淀泖平原区	太仓市
		吴江区
		吴中区（长桥街道、郭巷街道、横泾街道、越溪街道、香山街道、太湖街道、胥口镇、临湖镇、角直镇）

山东省农业用水定额（摘录）

1　范围

本标准规定了山东省农业用水定额的术语和定义、总则、农业用水定额的分区、调节系数、种植业用水定额、林业用水定额、畜牧业用水定额、水产养殖业用水定额。

本标准适用于山东省内农业的种植业、林业、畜牧业、水产养殖业的取用水管理。

2　规范性引用文件

下列文件对于本文件的应用是必不可少的。凡是注日期的引用文件，仅所注日期的版本适用于本文件。凡是不注日期的引用文件，其最新版本（包括所有的修改单）适用于本文件。

GB/T 4754—2017　国民经济行业分类

GB/T 29404—2012　灌溉用水定额编制导则

GB 50288—2018　灌溉与排水工程设计标准

GB/T 50363—2018　节水灌溉工程技术标准

3　术语和定义

下列术语和定义适用于本文件。

3.1　农业用水定额

在一定时期内按照相应核算单元确定的，符合合理用水、节约用水要求的各类农业用水户的用水限定值。

注：包括种植业灌溉用水定额、林业灌溉用水定额、畜牧业用水定额、水产养殖业用水定额。

3.2　灌溉保证率

灌区用水量在多年间，能够得到保证的概率。

3.3　灌溉用水定额

在规定位置和一定水文年型下的某种作物在一个生育期内单位面积的灌溉用水量，包括种植业用水定额和林业用水定额。

注1：灌溉用水定额的规定位置是便于灌溉用水计量和实施管理的位置。本标准的规定位置为斗口（或井口）。

注2：灌溉用水定额由净灌溉定额、斗渠（或井口）及以下渠系输水损失和田间损失组成。各种作物（植物）的灌溉用水定额由相应的灌溉用水基本定额与工程类型、取水方式、灌区规模的调节系数相乘求得。

3.4　灌溉基本用水定额

某种作物在参照灌溉条件下单位面积灌溉用水量。参照灌溉条件确定为：灌溉工程类型为土渠输水地面灌溉、取水方式为自流引水、灌区规模为小型、无附加用水。

3.5　附加用水定额

为满足作物生育期需水量之外的灌溉用水而增加的单位面积用水量。附加用水定额包括用于防止土壤盐渍化增加的洗碱水、水稻种植需要的泡田用水等。附加用水定额均在基本用水定额基础上乘以0.05的系数，单位为m^3/亩。

3.6　调节系数

反映工程类型、取水方式、灌区规模等对参照条件下灌溉用水定额影响程度的系数，参考 GB/T 29404—2012 给出的初始值、结合山东省实际采用逐次逼近法求解。

注：工程类型分为土质渠道输水、防渗渠道输水、管道输水、喷灌和微灌五类。

3.7　农业水利分区

根据山东省各地区的自然条件、流域特点、农业生产条件及其他影响农业用水的因素，结合水资源综合利用和现有的行政分区，对农业划分不同水利分区。

3.8　畜牧业用水定额

一定时间内规模化畜禽养殖场饲养畜禽的生产性用水量限定值，包括饮用水和卫生清洁用水。

3.9　水产养殖业用水定额

一定时间内水产养殖的合理补水量，由蒸发量、保持水体清洁与外界交换的水量、以及从灌区引水、斗口或井口以下渠系输水损失和养殖池塘渗漏损失组成。

4　总则

本定额农业行业和作物分类按照 GB/T 4754—2017 的规定进行编码，分为门类、大类、中类和小类四级，编码方法如下：

——门类采用英文字母编码，即用 A、B、C、D、E 等表示；

——大、中、小类采用数字顺序编码。

具体编码见附录 A。

5　农业用水定额的分区

种植业用水定额根据山东省自然地理状况等进行分区，具体分为：鲁西南区（Ⅰ区）、鲁北区（Ⅱ区）、鲁中区（Ⅲ区）、鲁南区（Ⅳ区）和胶东区（Ⅴ区）。详见附录B。

林业用水定额参考山东植被分区并与山东省林业区划相协调，具体分为：鲁北滨海平原区（相当于山东省林业区划中的渤海平原农田防护林盐碱地改良林区），鲁西平原区（相当于山东省林业区划中的鲁西平原、农田防护林、经济林区），鲁中南低山丘陵区（相当于山东省林业区划中的鲁中南低山丘陵水源林、经济林区），鲁东丘陵区（相当于山东省林业区划中的鲁东丘陵水源用材林、经济林区），详见附录B。

6 农业用水定额调节系数

农业用水定额调节系数见表1。

表1 农业用水定额调节系数

水利分区	工程类型					取水方式			灌区规模		
	土渠输水	渠道防渗	管道输水	喷灌	微灌	自流引水	提水	地下水	大型	中型	小型
Ⅰ区	1.00	0.98	0.88	0.75	0.65	1.00	0.95	0.94	1.12	1.08	1.00
Ⅱ区	1.00	0.95	0.87	0.75	0.65	1.00	0.95	0.94	1.12	1.08	1.00
Ⅲ区	1.00	0.95	0.87	0.75	0.65	1.00	0.95	0.94	1.12	1.07	1.00
Ⅳ区	1.00	0.92	0.85	0.70	0.63	1.00	0.94	0.93	1.11	1.06	1.00
Ⅴ区	1.00	0.92	0.85	0.70	0.63	1.00	0.94	0.93	1.11	1.06	1.00

7 种植业用水定额

从附录B.1中查某种作物所在区域所属的灌溉分区。

从表2~表4中查作物所属水利分区的不同保证率基本用水定额。

从表1中查作物所属水利分区的工程类型、取水方式和灌区规模系数。把工程类型、取水方式和灌区规模的调节系数与基本定额相乘得到作物不同保证率下所要求的灌溉用水定额。

表 2　主要农作物灌溉基本用水定额　　单位：m^3/亩

行业代码	类别名称	作物名称	保证率	分区灌溉基本用水定额				
				Ⅰ区	Ⅱ区	Ⅲ区	Ⅳ区	Ⅴ区
A0111	稻谷种植	水稻	75%	420	446	478	420	
			85%	446	478	510	446	
A0112	小麦种植	小麦	50%	180	232	220	160	158
			75%	207	258	245	195	187
A0113	玉米种植	玉米	50%	43	90	77	40	40
			75%	65	116	103	65	65

附　录　A

（规范性附录）

行业分类代码

行业分类代码见表A.1。

表A.1　行业分类代码

门类	大类	中类	小类	类别名称
A				农、林、牧、渔业
	01			农业
		011		谷物种植
			0111	稻谷种植
			0112	小麦种植
			0113	玉米种植
		012		豆类、油料和薯类种植
			0121	豆类种植
			0122	油料种植
		013		棉、麻、糖、烟草种植
			0131	棉花种植
		014		蔬菜、食用菌及园艺作物种植
			0141	蔬菜种植
		015		水果种植
			0151	仁果类和核果类水果种植
			0152	葡萄种植
			0159	其他水果种植
	02			林业
		021		林木育种和育苗
			0212	林木育苗
		022		造林和更新

（续表）

门类	大类	中类	小类	类别名称
			0220	造林和更新
	03			畜牧业
		031		牲畜饲养
			0311	牛的饲养
			0313	猪的饲养
			0314	羊的饲养
			0319	其他牲畜饲养
		032		家禽饲养
			0321	鸡的饲养
			0322	鸭的饲养
		039		其他畜牧业
			0391	兔的饲养
	04			渔业
		041		水产养殖
			0412	内陆养殖

附　录　B
（规范性附录）
种植业水利分区

种植业水利分区见表B.1。

表B.1　种植业水利分区

编号	分区	涉及城市	城市所辖县（区）
Ⅰ区	鲁西南	菏泽	牡丹区、开发区、高新区、定陶区、曹县、成武县、单县、巨野县、郓城县、鄄城县、东明县
		济宁	任城区、微山县、鱼台县、金乡县、嘉祥县、梁山县
Ⅱ区	鲁北	德州	德城区、禹城市、乐陵市、宁津县、齐河县、陵城区、临邑县、平原县、武城县、夏津县、庆云县
		聊城	东昌府区、临清市、冠县、莘县、阳谷县、东阿县、茌平县、高唐县、经济技术开发区、高新区
		滨州	滨城区、沾化区、惠民县、阳信县、无棣县、开发区、博兴县、北海新区、高新区
		东营	东营区、河口区、垦利区、广饶县、利津县
		济南	济阳区、商河县
		淄博	高青县
Ⅲ区	鲁中	济南	历下区、市中区、天桥区、槐荫区、历城区、长清区、章丘区、莱芜区、钢城区平阴县
		济宁	兖州区、曲阜市、泗水县、邹城市、汶上县
		滨州	邹平市
		泰安	泰山区、岱岳区、新泰市、肥城市、宁阳县、东平县
		淄博	张店区、周村区、临淄区、淄川区、博山区、桓台县、沂源县
		潍坊	奎文区、潍城区、寒亭区、坊子区、青州市、寿光市、安丘市、高密市、昌邑市、临朐县、昌乐县
Ⅳ区	鲁南	临沂	兰山区、罗庄区、河东区、高新区、经济开发区、郯城县、兰陵县、沂水县、沂南县、平邑县、费县、蒙阴县、临沭县、临港区、莒南县
		潍坊	诸城市

（续表）

编号	分区	涉及城市	城市所辖县（区）
Ⅳ区	鲁南	枣庄	市中区、薛城区、山亭区、峄城区、台儿庄区、滕州市
		日照	东港区、岚山区、莒县、五莲县、经济技术开发区、山海天旅游度假区
Ⅴ区	胶东	烟台	芝罘区、莱山区、福山区、牟平区、开发区、高新区、蓬莱市、龙口市、莱州市、招远市、栖霞市、莱阳市、海阳市、长岛综合试验区、保税港区
		青岛	市南区、市北区、李沧区、崂山区、西海岸新区、城阳区、即墨区、胶州市、平度市、莱西市
		威海	环翠区、文登区、荣成市、乳山市、火炬高技术产业开发区、经济技术开发区、临港经济技术开发区、南海新区

参考文献

[1] 郭永召，姚则羊，郭家宝，等. 黄淮海流域粮食生产肥料使用现状分析［J］. 河北农业科学，2020，24（04）：96-100.

[2] 河南省人民政府. 河南省情［EB/OL］.（2022-04-30）［2022-10-28］. https：//www. henan. gov. cn/2018/05-31/2408. html.

[3] 安徽省人民政府. 印象安徽［EB/OL］.（2022-06-14）［2022-10-27］. https：//www. ah. gov. cn/hfwy/yxah/dlrk/index. html.

[4] 江苏省人民政府. 走进江苏［EB/OL］.（2022-05-19）［2022-10-27］. http：//www. jiangsu. gov. cn/col/col31361/index. html.

[5] 山东省人民政府. 走进山东［EB/OL］.（2022-03-11）［2022-10-27］. http：//www. shandong. gov. cn/col/col94094/index. html.

[6] 刘高焕. 中国国家地理地图［M］. 北京：中国大百科全书出版社，2010.

[7] 水利部黄河水利委员会. 黄河网［EB/OL］.［2021-10-27］. http：//www. yrcc. gov. cn/.

［8］ 水利部淮河水利委员会. 淮河水利网［EB/OL］.［2021-10-27］. http：//www. hrc. gov. cn/.
［9］ 国家气象信息中心. 中国气象数据网［EB/OL］.［2021-10-27］. https：//data. cma. cn/.
［10］ 贾良清，欧阳志云，赵同谦，等. 安徽省生态功能区划研究［J］. 生态学报，2005（02）：254-260.
［11］ 燕守广，邹长新，张慧，等. 江苏省生态功能区划研究［J］. 国土与自然资源研究，2008（03）：71-72.
［12］ 姚慧敏，郭洪海. 山东省农业生态功能区划研究［J］. 安徽农业科学，2009，37（23）：11095-11097.
［13］ 郜国玉. 河南省生态功能区划研究［D］. 郑州：河南农业大学，2010.
［14］ DB 41/T 958—2020 河南农业与农村生活用水定额［S］.
［15］ DB 34/T 679—2019 安徽省行业用水定额［S］.
［16］ DB 32/T 3817—2020 江苏省灌溉用水定额［S］.
［17］ DB 37/T 3772—2019 山东省农业用水定额［S］.
［18］ 中华人民共和国水利部. 中国水利统计年鉴［M］. 北京：中国水利水电出版社，2017.
［19］ 中华人民共和国水利部. 中国水利年鉴［M］. 北京：中国水利水电出版社，2018.
［20］ 中华人民共和国国家统计局. 中国统计年鉴［M］. 北京：中国统计出版社，2017.
［21］ 中华人民共和国国家统计局. 中国统计年鉴［M］. 北京：中国统计出版社，2018.
［22］ 中华人民共和国国家统计局. 中国统计年鉴［M］. 北京：中国统计出版社，2019.

[23] 国家发展和改革委员会价格司. 全国农产品成本收益资料汇编 2017 [M]. 北京：中国统计出版社，2017.

[24] 国家发展和改革委员会价格司. 全国农产品成本收益资料汇编 2018 [M]. 北京：中国统计出版社，2018.

[25] 国家发展和改革委员会价格司. 全国农产品成本收益资料汇编 2019 [M]. 北京：中国统计出版社，2019.

[26] 孙艳侠. 2008 年颍州区玉米“3414”肥料效应田间试验 [J]. 现代农业科技，2009（15）：12-14.

[27] 张建勋. 2012 年宿州市符离镇小麦“3414”肥料效应田间试验 [J]. 现代农业科技，2014（04）：20-23.

[28] 刘加廷. 2016 年涡阳县城东镇玉米“3414”肥效试验 [J]. 现代农业科技，2017（16）：20-21.

[29] 张杨翠，白善军，曹炳宏，等. 2016 年五河县水稻“3414”肥料效应田间试验 [J]. 现代农业科技，2017（21）：31-32.

[30] 崔贤. 氮磷钾配肥对玉米产量影响的试验研究 [J]. 中国农技推广，2009，25（05）：34-35.

[31] 高桂. 凤台县“3414”小麦田间肥料效应试验 [J]. 安徽农学通报，2014，20（15）：78-80.

[32] 刘敏，胡健，马新平. 灌云县夏玉米“2+X”肥效试验 [J]. 安徽农学通报，2014，20（Z1）：37-38.

[33] 刘洋，王存言. 江苏省睢宁县水稻“3414”肥效试验总结 [J]. 江苏农业科学，2009（03）：346-347.

[34] 刘俭，张亮，邹云红，等. 龙亢农场水稻“3414”肥料效应田间试验 [J]. 园艺与种苗，2019，39（04）：80-82.

[35] 田保书. 商丘市梁园区小麦、玉米施肥指导意见 [J]. 河

南农业，2016（22）：19-20.

[36] 王进文，李素珍，赵广春. 商丘市夏玉米不同生态类型高产高效施肥效应及推荐施肥量试验研究［J］. 河南农业，2017（19）：27-28.

[37] 杨义法. 濉溪县夏玉米“3414”肥料效应研究［J］. 现代农业科技，2016（04）：35-49.

[38] 周宗民. 濉溪县小麦肥料效应试验研究［J］. 安徽农学通报，2015，21（13）：37-39.

[39] 马晓玲. 五河县小麦“3414”肥料效应田间试验初报［J］. 安徽农学通报（下半月刊），2011，17（08）：68-69.

[40] 杨丙俭，魏新田，赵保锋. 夏玉米 3414 田间肥料试验结果初报［J］. 北京农业，2009（18）：33-35.

[41] 谈振兰. 夏玉米最佳施肥量田间试验研究［J］. 中国农村小康科技，2010（03）：47-48.

[42] 张静，刘晶，张爱仙，等. 小麦 3414 肥效试验［J］. 农业与技术，2020，40（01）：80-82.

[43] 伊海涛，李鹏，刘胜文，等. 小麦 3414 肥效试验研究［J］. 农业科技通讯，2011（03）：69-70.

[44] 谢延臣，郭文婵，陈荣江，等. 新乡市小麦肥料效应研究［J］. 农业科技通讯，2011（12）：34-36.

[45] 侯占领，牛银霞. 许昌市高肥力土壤小麦肥效试验研究［J］. 中国农技推广，2011，27（11）：33-35.

[46] 王尚朵，苗子胜，宋小顺. 延津县夏玉米“3414”肥料效应研究［J］. 现代农业科技，2011（01）：50-51.

[47] 段松霞，张改霞. 长葛市夏玉米施肥指标体系研究［J］.

河南农业，2013（23）：17-18.

[48] 任双喜，李凤. 驻马店市小麦测土配方施肥应用效果浅析［J］. 河南农业，2006（08）：25.

[49] 水利部农村水利水电局. 2018 年农村水利水电工作年度报告［EB/OL］.（2019-08-30）［2021-10-28］. http：//www. mwr. gov. cn/sj/tjgb/ncslsdnb/201908/t20190813_1353081. html.

[50] 李青松，韩燕来，邓素君，等. 豫北平原典型小麦-玉米轮作高产区节肥潜力分析［J］. 麦类作物学报，2018，38（10）：1216-1221.

[51] 仇美华，郭乾坤，刘林旺，等. 江苏省推进化肥定额使用面临的挑战与对策［J］. 中国农技推广，2022，38（11）：53-56.

[52] 张乐乐，陈翔，魏风珍，等. 安徽省耕地利用现状及对策分析［J］. 安徽农学通报，2020，26（18）：115-118.

[53] 李健敏，赵庚星，李涛，等. 山东省小麦施肥特征与评价［J］. 中国农业科学，2018，51（12）：2322-2335.

[54] 侯云鹏，陆晓平，赵世英，等. 平衡施肥对春玉米产量及养分吸收的影响［J］. 玉米科学，2014，22（04）：126-131.

[55] 冯金凤. 肥料运筹对小麦产量品质及茎秆维管束的影响［D］. 杨凌：西北农林科技大学，2013.

[56] 桂苗. 安徽省测土配方施肥技术推广现状与有效工作机制研究［D］. 合肥：安徽农业大学，2011.

[57] 赵杰. 玉米农田不同控氮比掺混肥及其运筹方式的应用效应研究［D］. 泰安：山东农业大学，2011.

[58] 沈学善，李金才，屈会娟. 不同麦秸还田方式对夏玉米性状及水分利用效率的影响 [J]. 中国农业大学学报，2010，15（03）：35-40.

[59] 刘万秋. 山东省昌邑市主要农作物能源消耗调查与评价 [D]. 北京：中国农业科学院，2010.

[60] 郭增江，于振文. 不同土层测墒补灌对小麦耗水特性和产量的影响 [J]. 山东农业科学，2014，46（09）：34-38.

[61] 赵霞，王定林，唐保军，等. 夏玉米免耕精密播种关键技术集成研究 [J]. 河南农业科学，2015，44（06）：29-33.

[62] 周宝元. 黄淮海两熟制资源季节间优化配置及季节内高效利用技术体系研究 [D]. 北京：中国农业大学，2015.

[63] 徐晖，崔怀洋，张伟，等. 播期、密度和施氮量对稻茬小麦光明麦 1 号氮肥表观利用率的调控 [J]. 作物学报，2016，42（01）：123-130.

[64] 吕丽华，王慧军，贾秀领，等. 黑龙港平原区冬小麦、夏玉米节水技术模式适应性模糊评价研究 [J]. 节水灌溉，2012（06）：5-8.

[65] 吴俊河，徐建新，马喜堂，等. 半结构多目标模糊优选理论在灌溉模式优选中的应用 [J]. 节水灌溉，2007（04）：4-6.

[66] 侯亮，李鑫玉，张文英，等. 分布式种质资源管理系统的建立 [J]. 河北农业科学，2019，23（05）：104-108.